대한민국
빵집 대장정

한 그루의 나무가 모여 푸른 숲을 이루듯이
청림의 책들은 삶을 풍요롭게 합니다.

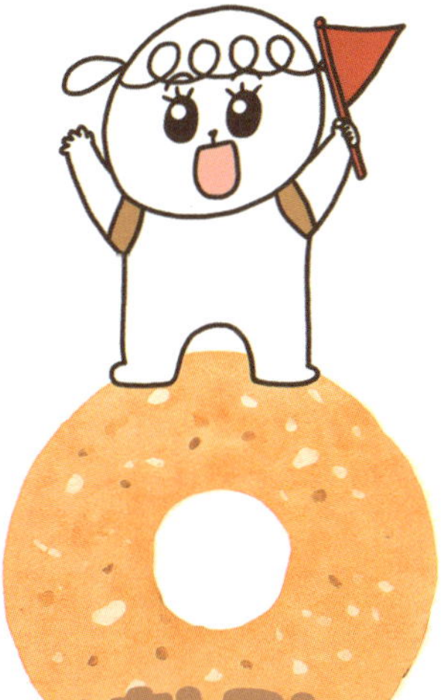

대한민국 빵집 대장정

글·그림 개띠랑

청림Life

contents

3. 충청

4. 강원

5. 경상

6. 전라

7. 제주

- 모든 빵집 정보 및 가격은 2025년 11월을 기준으로 작성하였습니다.
- 수록된 빵집은 지역별로 직접 방문한 순서이며, 순위나 선호도와 무관합니다.
- 빵 이름은 국립국어원표준국어대사전의 표기를 따랐으나, 일부 입말로 굳어지거나 용례가 없는 표기는 통용되는 발음을 사용하였습니다.

프롤로그

대한민국 빵집 대장정을
시작합니다!

이번엔 어디서 어떤 빵을 만날까?

이 냄새는...! 새로운 빵집이다!

출발! 오늘도 맛있게 먹으러 갑니다!
함께
떠나요!

빵 굽는 냄새를 맡는 순간만큼은 언제나 기분이 좋았다. 그래서인지 그 익숙한 끌림에 이끌려 자연스럽게 동네 빵집 문을 열고 들어가곤 했다. 학창 시절 하굣길에 들르던 빵집도, 직장인이 되어 퇴근길에 찾던 빵집도 내게는 가장 편안하고 익숙한 공간이었다. 그러던 어느 날 문득 이런 생각이 떠올랐다. '동네에서 늘 먹는 빵도 좋지만, 다른 동네엔 또 어떤 빵이 있을까?' 이 작은 궁금증 하나가 발걸음을 바깥으로 이끌었다. 가까운 도시부터 방문하기 시작해, 지도 위에 빵집 이름이 하나둘씩 늘어 갔다. 어느 순간부터 한 곳씩 찾아가는 일이 여행이 되었고, 새로운 지역을 만나는 나만의 방식으로 자리 잡게 되었다.

길 위에서 만난 빵은 분명 달랐다. 같은 재료를 써도 누가 만들었는가에 따라 맛과 식감이 달라지고, 비슷한 종류라 해도 이름이나 소개 방식에 따라 분위기가 달라졌으니까. 오래된 가게에는 세월이 빚어 낸 방식이 있고, 새로운 가게에서는 실험과 변주가 주는 재미가 있다. 평범해 보이던 빵 한 조각에도 지역의 공기와 이야기가 담겨 있다는 사실을 발견하고 나니, 자연스럽게 더 멀리 가고 싶은 마음이 생겼다.

이 책은 그렇게 직접 만나고 맛보고 기록한 여정이다. 눈앞에서 느낀 맛과 분위기에 집중하고, 여행 중 스쳐 지나간 작은 순간들도 함께 담았다. 책장을 넘기다 보면 왜 그곳에 멈춰 섰는지, 어떤 매력에 마음이 끌렸는지 자연스럽게 보일 것이다. 중간중간 등장하는 빵 질문은 가볍게 즐기면 된다.

혹시 이 책을 읽다가 마음에 들어오는 빵집이 있다면, 언젠가 그곳을 향해 가볍게 떠나 보면 좋겠다. 자, 이제 빵 지도를 펼치고 함께 새로운 맛을 찾으러 떠나 보자!

서울

성수베이킹스튜디오

핫플의 중심에서 상쾌한 아침을 외치는 곳이네~

빵을 사면, 매장 밖 작은 취식 공간 또는 건너편 건물 3층에 있는 카페에서 먹고 갈 수 있어요. 제품 소진 시 이르게 문을 닫을 수도 있답니다.

주소	서울시 성동구 서울숲2길 46 B1층
전화번호	0507-1383-0791
영업 시간	매일 08:00~19:00
구매한 빵과 가격	브리오슈(5,800원) / 파니니(3,500원) / 파리지앵 바게트(2,700원) / 무화과 크림치즈(6,300원)
매장 취식 여부	매장 밖 또는 건너편 카페 이용 가능

오전 8시 30분, 빵집 문을 열고 들어가니 마치 유럽의 빵집에 방문한 듯한 기분이 들었다. '핫플' 성수의 느낌을 담아 외관도 '힙'한 감성이 물씬 풍기는 이곳! 동네 주민들과 직장인들이 갓 구운 빵과 신선한 커피를 사러 모여들며 매장에 활기가 넘쳤다. 서울의 중심지에서 파리지앵이 된 듯 들뜬 마음으로 구매한 파리지앵 바게트는 묵직한 맛이 인상적이었는데, 꾸덕꾸덕하고 찐득한 무화과 크림치즈를 발라 먹으니 고소함이 흘러넘쳤다. 적당히 달콤한 브리오슈는 흰 우유에 푹 적셔 먹고 싶을 만큼 말랑한 무게감이 굿! 상큼하고 달콤한 토마토, 향긋한 바질, 고소한 치즈가 치아바타와 만나 아침 식사로 안성맞춤인 파니니는 따뜻한 아메리카노 한 잔이 떠오르는 맛이었다. 매일 먹어도 물리지 않는 신선한 빵들로 상쾌한 아침을 시작할 수 있는 곳이다.

1. 개띠랑이 구매한 빵
2. 매대에 진열된 빵
3. 성수베이킹스튜디오 외관

지금 당장 딱 하나의 빵만 먹을 수 있다면,
어떤 빵을 고를 건가요?

피코야

색다른 빵들로 일본의 정취를 느낄 수 있네~

커피 및 음료도 판매하고 있어요.
'지난주 베스트5' '추천 메뉴'
'피코야 인기빵'이 표기되어 있으니
빵 선택이 어려울 땐
참고해 보세요.

주소	서울시 광진구 천호대로 655
전화번호	070-4400-0845
영업 시간	매일 08:30~22:00 / 라스트오더 21:00
구매한 빵과 가격	초코크림 멜론빵(4,200원) / 카레빵(3,800원) / 오뎅 치쿠와빵 (3,500원) / 야끼소바빵(4,100원) / 명란 소금빵(3,500원)
매장 취식 여부	가능

"치아바타 나왔습니다!" 오전 10시 40분, 빵집에 들어서자 사장님의 힘찬 목소리가 들렸고, 갓 나온 따끈한 치아바타가 보인다. 피코야는 일본식 빵을 위주로 다양한 종류의 빵을 굽는다.

독특한 일본식 이름과 통으로 들어간 긴 어묵이 신기해 구매한 오뎅 치쿠와빵은 참치와 마요네즈의 조화가 든든한 밥반찬 같았다. 일본 만화 속 캐릭터가 그대로 연상되어 집은 카레빵은 진한 카레와 고기, 양파, 달걀로 풍성한 맛을 선사했고, 초코크림 멜론 빵은 깜찍한 거북이 모양이어서 어디서부터 먹어야 할지 한참을 고민했다. 이곳의 빵을 먹다 보면, 빵이 단순한 간식이 아니라 한 끼의 식사이자 위로와 기쁨을 주는 친구라는 걸 느끼게 된다.

1. 매대에 진열된 빵
2. 개띠랑이 구매한 빵

여행을 가서 먹었던 빵 중 가장 맛있었던 빵은 무엇인가요?

르보네르

계속 손이 가는 빵들로 미식의 즐거움이 쏠쏠한 곳이네~

주소	서울시 송파구 석촌호수로20길 18
전화번호	02-416-2365
영업 시간	월~토 07:00~21:00 / 매월 첫 번째 월요일 휴무
구매한 빵과 가격	먹물 치즈빵(4,500원) / 캄파뉴(5,300원) / 노와레잔(5,300원) / 컵케이크(6,000원)
매장 취식 여부	불가능

서울 석촌호수 근처에 있는 르보네르는 단골 손님이 많기로 유명하다. 더욱이 나오는 빵 종류도 다양하다고 하니 초심자들도 이 빵 저 빵 도전해 보기 좋은 곳. 자, 개띠랑도 갑니다!

은은한 붉은빛이 인상적이었던 노와레잔은 레드와인이 들어갔다는 사장님의 설명처럼 빵에서 와인의 풍미가 느껴졌는데, 크랜베리와 호두 등 견과류가 함께 씹혀 달큰하면서도 담백해서 계속 손이 간다. 평소 와인은 안 좋아하는데, 와인이 들어간 빵은 이렇게 맛있을 수 있구나. 촉촉한 먹물 치즈빵은 먹물 특유의 향이 거의 나지 않으면서, 치즈의 짭짤함과 고소함이 잘 살아 있었다. 빵 본연의 맛을 그대로 살리고 재료를 조화롭게 어울리게 한 느낌이 강한 이곳. 역시 단골이 많은 데는 다 이유가 있다니까.

1. 쇼케이스에 진열된 빵
2. 개띠랑이 구매한 빵

부트브레드

부드럽고 향 좋은 비건 빵으로 일상에 감각을 더하는 빵집이네~

주소	서울시 은평구 은평로8길 46
전화번호	02-372-0077
영업 시간	월, 수, 금, 토 09:00~20:30 / 라스트오더 20:00
구매한 빵과 가격	올리브 쌀 포카치아(3,500원) / 쑥 쌀 치아바타(3,700원) / 쌀 시나몬 롤(3,300원)
매장 취식 여부	불가능

빵집에 가까워질수록 거리에 고소한 냄새가 폴폴 퍼지며 공기보다 먼저 마음을 파고든다. 이번 목적지는 우유 대신 코코넛밀크, 버터 대신 현미유 등 식물성 재료만 사용하는 비건 빵집이다.

쑥 쌀 치아바타는 먹기 전부터 진한 쑥 냄새가 풍겼다. 한 입 베어 무니 부드러우면서도 떡 같은 차짐으로 떡과 빵 그 사이의 독특한 식감이 아주 인상적이다. 쌀 시나몬 롤은 소보로빵에 견과류와 시나몬이 들어간 듯한 정직한 맛으로, 적당히 달고 부드러운 식감이 호떡의 속살 같아 술술 넘어간다. 비건 빵이 낯선 나에게도 이렇게 깊은 만족스러움을 안겨 주어 새삼 놀랐던 곳. 건강을 위해 맛을 포기해야 한다는 고정관념, 비건 빵은 밋밋하고 맛이 없을 거라는 생각을 깨 주셔서 감사합니다!

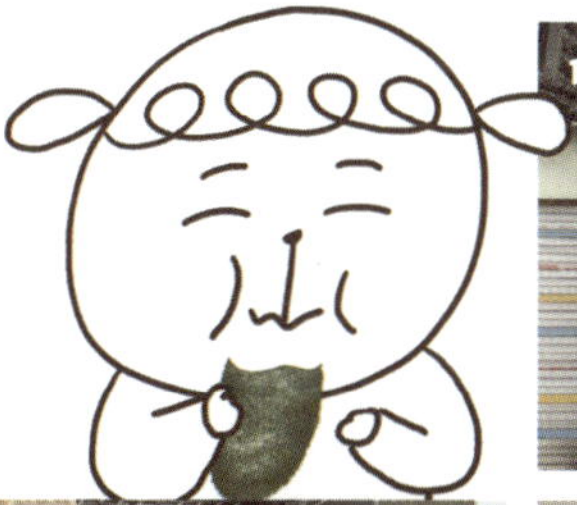

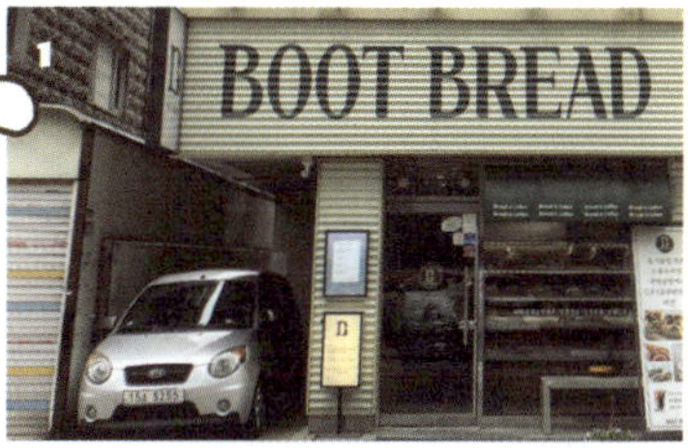

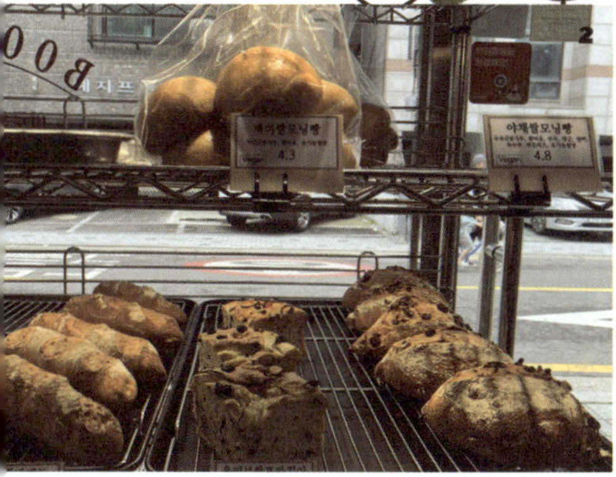

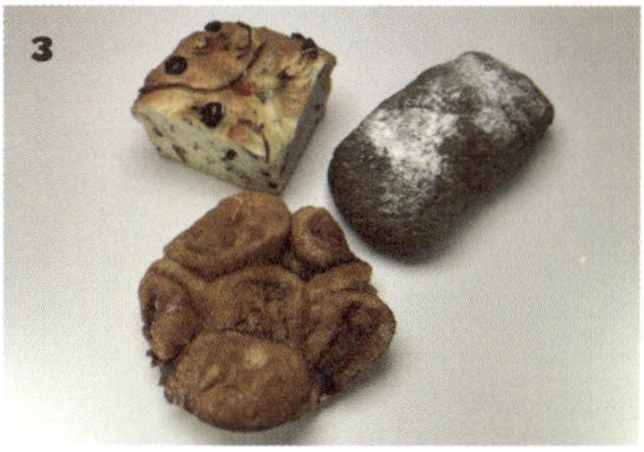

1. 부트브레드 외관
2. 매대에 진열된 빵
3. 개띠랑이 구매한 빵

비건 빵을 먹어 본 적이 있나요?

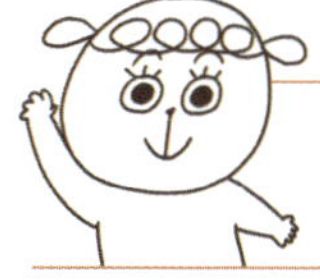

피터팬1978

개성 만점 이름으로 빵순이를 유혹하네~

제가 방문한 곳은 본점으로,
지점은 원천점과 연대점이 있어요.
온라인으로 주문 및 택배 발송이
가능하다고 해요.

주소	서울시 서대문구 증가로 10 1층
전화번호	02-336-4775
영업 시간	매일 08:00~21:00
구매한 빵과 가격	보슬 크리미(4,500원) / 아기 궁댕이(3,000원) / 장발장 동생 장발순(4,500원)
매장 취식 여부	불가능

오전 11시 30분쯤 도착하니 진열대에 모든 빵이 촘촘하게 한가득! 특히, 이곳은 재치 있는 빵 이름들이 눈길을 사로잡는다.

장발장 동생 장발순은 처음엔 이름이 재미있어 웃었지만, 한 입 먹어 보니 크랜베리와 건포도, 호두가 호밀빵 속에 촘촘히 박혀 달콤하면서도 고소한 맛에 절로 웃음이 났다. 그 순간, 문득 이런 상상을 했다. '장발장과 장발순 남매가 지금도 있다면, 딱 좋아할 맛이겠군!' 남매가 서로를 챙기며 한 쪽씩 나누어 먹을 것 같은 다정한 맛이랄까. 누군가의 마음을 슬며시 훔칠 만큼 매혹적이다. 아기 궁댕이는 우유와 크림치즈가 만나 꾸덕한 요거트 맛을 냈는데, 따뜻한 보리차와 함께 먹으니 더욱 포근했다. 빵 하나에 이야기 하나를 선물 받는 기분, 집에 쟁여 두고 싶은 빵이 많은 맛집이다.

1. 매대에 진열된 빵
2. 개띠랑이 구매한 빵

베이커리봉교

부드러움과 달콤함이 환상적으로 어우러지네~

종이, 비닐봉투 등 기부받은
재활용 쇼핑백을 비치해 놓아
유상 비닐백 대신 이용할 수
있어요. 제품 소진 시 일찍 마감할
수도 있다고 해요.

주소	서울시 마포구 성미산로 25 1층
전화번호	02-332-8030
영업 시간	월, 화, 금, 토, 일 09:00~19:00
구매한 빵과 가격	시나몬 프레츨(3,000원) / 우유 크림빵(2,600원) / 땅콩버터 크림빵(2,600원) / 달달 식스팩(4,500원)
매장 취식 여부	불가능

그간 망원시장을 자주 찾았지만, 반대편 골목에 있어 여태 가 보지 못했던 베이커리 봉교. 새로운 길을 만나는 즐거움과 함께 설레는 마음으로 이곳을 방문했다. 빵은 깔끔하게 개별 포장돼 있었고, 내용물이 보이지 않게 포장된 빵은 설명과 함께 어떻게 생겼는지 샘플 빵을 마련해 놓고 있었다. 아니, 이런 센스라니!

가장 먼저 맛본 우유 크림빵은 바닐라빈 향이 연한 빵과 어우러져 살짝 녹은 바닐라 아이스크림을 떠올리게 했다. 예쁜 하트 모양의 시나몬 프레츨은 단짠의 매력이 돋보였고, 매끄러운 윤기가 흐르며 시선을 강탈한 달달 식스팩은 살구잼이 부각되며 산뜻하게 마무리되는 맛이다. 역시 블루리본의 영광은 아무나 가지는 게 아니었어. 이 빵 길 따라 지구 반대편까지 가 보고 싶다.

1. 매대에 진열된 빵
2. 개띠랑이 구매한 빵

3. 베이커리봉교의 블루리본

한 달 동안 한 가지 빵만 먹을 수 있다면,
어떤 빵을 먹을 건가요?

베이커리나무

예상치 못한 재료로 신선함과 즐거움을 선사하네~

주소	서울시 마포구 포은로 40-1
전화번호	02-3143-3605
영업 시간	화~일 07:00~23:00 / 매월 첫 번째 화요일 휴무
구매한 빵과 가격	토마토 바질 크런치(5,000원) / 애호박 타르틴(5,500원) / 산딸기 프레츨(4,800원)
매장 취식 여부	가능

이곳은 빵의 재료를 새롭게 발견하게 되는 베이커리다. 특히 애호박이 들어간 빵은 처음 봐서, 호기심에 망설임 없이 집어 들었다.

어떤 맛일지 가장 궁금했던 애호박 타르틴은 애호박의 아삭거리는 식감에 달콤한 마요네즈 소스가 더해져 먹는 내내 신선함을 느꼈다. 토마토 바질 크런치도 색다른 조합이었는데, 싱싱한 토마토와 풍부한 바질 향, 바삭한 크런치가 산뜻함 그 자체다. 빵집에서 아르바이트 하던 시절, 신상 메뉴가 있으면 언제나 눈을 빛내며 맛보았던 기억이 새록새록 나네. 머릿속으로 그렸던 맛과 다른, 뜻밖의 맛 조합 덕분에 더욱 기억에 남는 곳이다. 새로운 빵 경험치를 쌓고 싶다면 특히 강력 추천!

1. 개띠랑이 구매한 빵
2. 매대에 진열된 빵

31월

빵 한 조각으로 여행지의 여운을 전해 주는 빵집이네~

임시 휴무일은 빵집
인스타그램에서 확인 가능해요.
'31월'은 일본어로 초승달을
뜻하는 삼일월(三日月)을 재해석한
이름이라고 해요.

주소	서울시 용산구 서빙고로 17 센트럴파크 해링턴스퀘어 1층 77호
전화번호	02-3785-1013
영업 시간	월, 화, 수, 금, 토 10:00~20:00
구매한 빵과 가격	타마고산도(5,800원) / 쟈가바타(4,000원) / 비엔노와(5,800원) / 크림치즈 페이스트리(4,500원) / 오렌지 마들렌(2,800원)
매장 취식 여부	가능

가게에 들어서자 잠시 일본 여행을 온 듯, 특유의 감성이 돋보이는 매장 분위기가 이 국적인 느낌이 든다. 왠지 설레는 마음으로 빵 탐색 시작!

가장 먼저 눈길이 갔던 타마고산도는 달짝지근한 계란 맛을 메인으로 고추냉이의 알싸함이 가미되어 감칠맛이 돌았고, 참기름 같은 은은한 고소함까지 느껴져 마치 밥 위에 계란말이를 올려 먹는 기분이었다. 그 순간 일본 오키나와 여행에서 처음 맛보았던 타마고산도가 떠올랐다. 낯선 여행지에서 빵 한 입에 피로가 스르르 풀렸던 그 맛과 감성을 서울에서 다시 만날 수 있다니! 일본어로 감자와 버터를 합성한 단어인 쟈가바타는 씹을수록 쫄깃하면서 포슬포슬한 감자의 식감과 훈제 베이컨의 향이 어우러져 감자수프에 빵을 찍어 먹는 듯했다. 짧지만 확실하게 일본 여행을 하고 싶다면, 기억해야겠다. '31월'

1. 매대에 진열된 빵
2. 개띠랑이 구매한 빵

베이커리오월의종

묵직한 빵들의 깊고 진한 맛이 인상적인 곳이네~

주소	서울시 용산구 이태원로45길 34 1층
전화번호	0507-1332-9481
영업 시간	화~토 11:00~18:00
구매한 빵과 가격	소시지 바게트(5,000원) / 오렌지필 캄파뉴(4,000원) / 호밀 크랜베리(8,500원)
매장 취식 여부	불가능

대사관들이 모여 있는 곳에 자리한 베이커리오월의종은 믿고 찾는 사람들이 줄을 서는 곳으로 명성이 자자하다. 또, 빵들이 도서관의 책장처럼 진열되어 있어 책을 고르듯 빵을 선택하는 재미도 있고. 왠지 엄숙한 도서관 같아 멋있기까지 하다.

그중 고른 오렌지필 캄파뉴는 상큼한 오렌지 향에 식감은 부드러운 백설기와 비슷해 씹을수록 고소함이 더해졌다. 소시지 바게트는 바게트 고유의 질깃한 식감과 함께 고소한 참기름 소시지 맛이 반전 매력이다. 호밀 크랜베리는 촉촉하면서 달짝지근한 과일과 호밀 맛의 균형이 좋았고, 빵 자체의 밀도감이 높은 편이어서 포만감도 굿. 묵직한 빵들의 진한 맛을 찾는다면, 바로 여기다.

1~2. 매대에 진열된 빵
3. 개띠랑이 구매한 빵

라이프브레드

맛과 정성으로 특별한 하루를 만들어 주는 빵집이네~

주소	서울시 서초구 서초대로34길 19 1층
전화번호	0507-1483-3449
영업 시간	월, 목, 금, 토, 일 09:30~18:30
구매한 빵과 가격	당근 라페 샌드위치(6,800원) / 에그 샌드위치(4,000원) / 카레빵(3,900원) / 깨소금빵(3,200원)
매장 취식 여부	가능

내가 방문할 때쯤 공교롭게도 인기 빵들이 하나둘 사라지고 있었다. '얼른 골라야지!' 하는 마음에 서둘러 진열대를 살피는 개띠랑. 노릇노릇 맛있게 구워진 빵들에 행복한 고민이 시작된다.

가장 먼저 눈길이 갔던 에그 샌드위치는 부드러운 계란과 향긋한 후추가 어우러져 입 안을 포근하게 감쌌다. 절인 당근의 아삭한 식감과 고소한 견과류, 훈제 베이컨이 잘 어울리는 당근 라페 샌드위치는 그 자체로 신선한 맛의 향연을 펼쳤다. 빵을 만들고 팔아 본 경험 덕분에 알 수 있는 진실은 지금 먹은 빵들에 생각보다 많은 손길과 정성이 들어 간다는 것! 맛있는 음식에 담긴 훌륭한 제빵사분들의 노고에 감사해야지. 빵 하나하나 모두 정성이 담긴 느낌을 받았던 곳이다.

1. 개띠랑이 구매한 빵
2. 매대에 진열된 빵

샤뽀블랑

시간 가는 줄 모르는 행복한 빵 탐험이 시작되네~

주차는 공영 주차장을
이용할 수 있어요.

주소	서울시 성북구 성북로 60
전화번호	0507-1483-3449
영업 시간	월~토 10:00~22:00
구매한 빵과 가격	슈크림 멜론(4,500원) / 누텔라 프레츨(5,800원) / 사과 파이(4,200원) / 고르곤졸라 바게트(5,300원)
매장 취식 여부	불가능

이 근처에 사는 친구가 소개해 준 로컬 빵집! 친구도 나 못지않은 빵순이라 기대가 커질 수밖에 없었다. 빵을 고르는데 옆에서 손님들이 "여기 맛있어"라며 연신 칭찬하는 모습에 나도 모르게 쟁반에 이것저것 담는다. 엇, 저건 나도 찜한 빵인데!

파사삭 부서지는 사과 파이는 통사과가 그대로 씹히며 풍부한 식감을 자랑했고, 누텔라 프레츨은 짭짤한 첫 맛 뒤에 번지는 초콜릿의 풍미가 매혹적이었다. 고르곤졸라 바게트는 꼬릿함 없이 쫄깃한 피자 맛, 슈크림 멜론은 담뿍 들어간 크림이 청량감을 주는 상쾌한 맛이다. 역시 친구가 괜히 추천한 게 아니었군. 침샘을 자극하는 빵들로 신나는 빵 탐험을 할 수 있는 곳임을 개띠랑도 인정합니다!

1. 매대에 진열된 빵

2. 개띠랑이 구매한 빵

해피해피브레드

개성 있는 식빵과 소소한 행복으로 머무는 순간마저 각별해지네~

주소	서울시 중구 청파로 425-2
전화번호	0507-1355-9117
영업 시간	월, 화, 목, 금 07:00~ 19:00 / 라스트오더 18:30 /
	주중 공휴일이 있는 경우 공휴일 휴무, 수요일 영업
구매한 빵과 가격	헴프씨드 통밀 잡곡 식빵(7,000원) / 미니 초코 식빵(6,000원) /
	눈사람 브리오슈(3,000원) / 우유 식빵(6,000원)
매장 취식 여부	불가능

이곳은 직장인들의 출출함을 달래는 소확행 같은 빵집이다. 근처 직장인들로 매장이 붐비는 것은 물론 전화로 예약 주문도 받고 있었고, 주문한 빵을 매대에서 바로 꺼내 주는 시스템 덕분에 원하는 빵을 편하게 만날 수 있다. 나도 회사에 다닐 때, 꼭 이런 빵집이 근처에 있어서 점심시간이나 퇴근할 때 종종 예약한 빵을 찾아가며 미소 짓곤 했었지. 지금도 그 베이커리가 남아 있을까?

눈사람 브리오슈는 레몬 글레이즈가 입혀져, 바스락 씹히고 은은한 레몬 향이 오래 남았다. 헴프씨드 통밀 잡곡 식빵은 거친 속살과 호두, 테두리에 뿌려진 헴프씨드가 씹는 재미를 준다. 미니 초코 식빵은 식빵 안 초코칩이 톡톡 터지며 진한 초콜릿 스프레드를 찍어 먹는 느낌이라 특히 더 만족! 일상의 소확행은 생각보다 가까운 곳에 있다.

1. 해피해피브레드 외관
2. 개띠랑이 구매한 빵

오늘 나를 행복으로 이끌어 줄 빵은 무엇인가요?

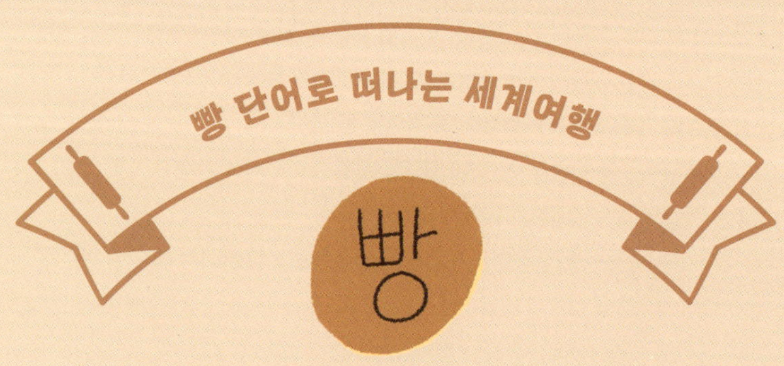

빵은 먹을 때뿐만 아니라 말할 때도 입 모양이 '빠앙' 하고 벌어져서, 소리를 내어 부르기만 해도 귀엽게 느껴진다. 그런데 문득 '빵이라는 단어는 어디서 왔을까' 하는 궁금증이 생겼다.

지금은 너무도 일상적인 말이지만, 사실 빵은 일본어 '팡(パン)'에서 건너온 것이라고 한다. 일본이 포르투갈 상인들에게서 '팡(Pão)'을 받아들였고, 그것이 다시 한국에 들어와 '빵'이 된 셈이다. 단어 하나에도 이렇게 긴 여정이 담겨 있다는 게 흥미롭다.

더 재미있는 건 세계 어디에나 빵이 있다는 사실이다. 같은 밀가루 반죽을 구워 낸 음식이지만 나라마다 이름이 다르다. 영어로는 '브레드(Bread)'라고 부르는데, 길을 걷다 간판에서 이 단어를 발견하면 괜히 반갑다.

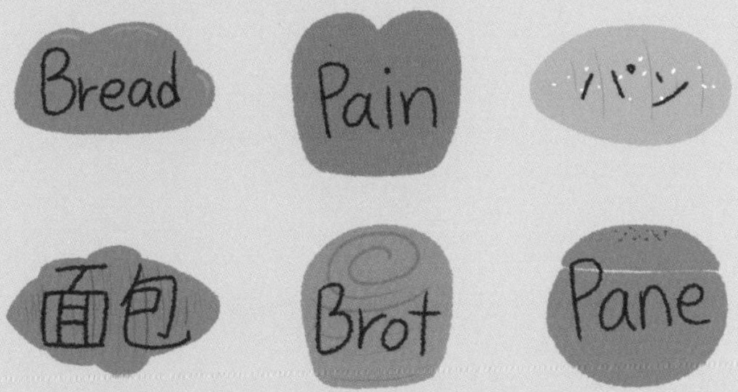

일본의 '팡(パン)'은 아기자기한 느낌이 있고, 프랑스의 '팽(Pain)'은 발음만으로도 바게트를 들고 파리 골목을 걷는 풍경이 떠오른다. 독일의 '브로트(Brot)'는 이름부터 묵직한 호밀빵이 생각나고, 이탈리아의 '파네(Pane)'는 그 옆에 파스타가 놓인 소박한 식탁 풍경이 연상된다.

언젠가 책 박람회에서 외국인을 만나 영어로 "어떤 빵 좋아하세요?"라고 물었더니, 놀랍게도 한국말로 "소금빵이요" 하는 대답이 돌아왔던 적이 몇 번 있다. 이제 한국식 빵 이름이 외국인들에게도 익숙한 단어 같다. 같은 음식을 두고도 이름이 달라지고, 그 이름에 따라 떠오르는 이미지까지 달라진다는 사실이 새삼 재미있다.

흥미롭게도, 이 이름들 대부분은 라틴어 'Panis(파니스)'에서 뻗어 나왔다. 그래서 포르투갈어 'Pão', 프랑스어 'Pain', 이탈리아어 'Pane'가 서로 닮아 있다. 반면 영어 'Bread'나 독일어 'Brot'는 게르만어 계통이라 그런지 소리마저 단단하게 느껴진다.

이렇게 세계의 '빵' 이름을 따라가다 보면, 단어로 세계여행을 하고 있는 느낌이다. 발음도 다르고 모양도 다르지만, 결국 한 조각 빵이 주는 위로와 행복은 어디서나 같다. 그것이 바로 빵이라는 존재의 가장 큰 매력이 아닐까.

경기·인천

하얀풍차제과점

카스텔라 꽈배기의 폭신한 달콤함으로 추억이 번지는 곳이네~

주소	경기 수원시 영통구 영통로 195
전화번호	0507-1407-0031
영업 시간	매일 07:00~23:00 / 커피 및 음료 마감 21:30
구매한 빵과 가격	치즈 바게트(6,300원) / 스파이시 만득이 버거(5,400원) /
	허니 토스트(3,900원) / 카스텔라 꽈배기(3,200원)
매장 취식 여부	가능

7살, 어릴 적 나에게 '빵'이라는 신세계를 활짝 열어 준 제과점이 있다. 그 기억의 한가운데엔 바로 하얀풍차제과점의 '카스텔라 꽈배기'가 빛나고 있다. 폭신폭신 구름 같은 식감에 달콤한 카스텔라 가루가 폭설처럼 쏟아지던 그 맛은 마치 어제의 일처럼 선명하다. 어릴 땐 무작정 달콤함에 빠져들었는데, 지금 돌이켜 보니 은은한 사과 맛이 더해져 그 묘한 매력에 일찌감치 사로잡혔던 것 같기도.

2023년 초, 아파트 재개발로 인해 내가 어릴 때 다녔던 본점(매탄점)이 문을 닫게 되었는데 매장 앞에 사장님이 적어 둔 안내 문구가 굉장히 인상 깊었다. '30년간 관심 가져 주시고, 사랑해 주시고, 키워 주셔서 정말 정말 머리 숙여 감사드립니다.' 이 문구는 어린 시절의 추억을 회상하게 하면서 아쉬운 마음과 함께 한편으로는 새로운 지점에서 다시 만나 보게 될 반가운 마음이 들게 했다.

오랜 세월 속에서 변치 않은 맛들도, 아쉽게 떠나간 친구들도 있지만, 여전히 이름만 들어도 가슴 한 켠이 따스해지는 이 빵집은 내 추억 속에 살아 숨 쉬는 한 장면이다.

1. 매대에 진열된 빵
2. 개띠랑이 구매한 빵

곰비임비

행복을 알리는 빵 냄새와 갓 구운 신선한 빵들로 가득한 곳이네~

주소	경기 용인시 처인구 경안천로 120 332동 112호
전화번호	0507-1354-1387
영업 시간	월~토 08:00~20:00
구매한 빵과 가격	바질 토마토(5,500원) / 마늘 바게트(5,200원) /
	에그 베이컨 파니니(3,500원)
매장 취식 여부	불가능

근처에 내리자마자 훈훈한 빵 냄새가 풍겨 온다. '아, 빵 냄새 맡으며 하루를 시작하는 사람들은 얼마나 행복할까?' 하는 생각이 절로 드는 아침. 가게 안은 알차게 진열된 빵과 끊임없이 나오는 갓 구운 빵으로 활기가 돌았다. 사장님께서 "저희 빵집에서 잘 나가는 빵이에요!"라며 추천해 주신 바질 토마토도 얼른 담는다. 빵 추천은 언제나 대환영이랍니다!

촉촉한 마늘 바게트는 소스가 빵을 거의 절이다시피 듬뿍 들어 있어, 뻑뻑함 없이 마늘 향을 한껏 즐길 수 있었다. 마늘 특유의 향을 좋아하는 사람이라면 정말 푹 빠질 만한 맛. 그리고 사장님의 추천 빵, 바질 토마토는 한 입 베어 물자, 바질 피자를 먹은 것처럼 토마토 수분이 팡 터지며 바질 향이 입안에 흠뻑 퍼졌다. 이토록 신선한 재료 본여의 맛을 제대로 음미할 수 있는 곳이라니 빵순이 행복 지수도 업업!

1~2. 매대에 진열된 빵
3. 개띠랑이 구매한 빵

도우도우

쪽깃함과 고소함이 입안에서 춤추네~

주소	경기 용인시 수지구 호수로 49 1층
전화번호	0507-1382-4541
영업 시간	목~토 11:30~17:00
구매한 빵과 가격	트리플 치즈 치아바타(4,600원) / 할라페뇨 치즈 캄파뉴(8,500원) / 바게트(4,500원) / 캐러멜 피칸 크림치즈(3,800원)
매장 취식 여부	가능

쟁반 대신 라탄 바구니에 빵을 담는 것이 독특했다. 실내도 널찍하고, 왜인지 흥겨운 빵 소풍을 떠나는 느낌이 든다. 오늘은 유럽 식사빵 위주로 골라 볼까?

트리플 치즈 치아바타는 쫄깃을 넘어서 그야말로 '쫠깃'했다. 게다가 고소하고 짭짤한 치즈 폭탄이 입안을 점령하며 2차로 감동을 자아내는데! 바게트에는 달콤 쌉쌀한 캐러멜 피칸 크림치즈를 쓱쓱 바르니, 빵이 가진 고소함이 한층 더 뚜렷해진다. 이곳 빵들로 샌드위치를 만들어 먹으면 정말 건강하고 맛있을 듯한 느낌. 그렇다면 속 재료부터 사러 가 보자!

1. 개띠랑이 구매한 빵

2. 매대에 진열된 빵
3. 도우도우 실내

만약 빵 사랑꾼들만의 레시피 대회가 열린다면, 온 우주를 놀라게 할 '나만의 기상천외 샌드위치 레시피'가 있나요?

요요연연

고퀄리티 빵으로 오픈런을 부르네~

원하는 빵을 말하면 직원분이 빵을 담아 주시며 컷팅 여부도 물어 봅니다. 만 원당 한 개씩 쿠폰을 찍어 준답니다.

주소	경기 군포시 산본천로 18 1층
전화번호	0507-1333-3306
영업 시간	목~토 11:00~19:00 / 일 11:00~18:00
구매한 빵과 가격	베이글 샌드위치(7,300원) / 산딸기 프레츨(4,000원) / 꿀치즈 캄파뉴(5,300원) / 로메스코 샌드위치(7,800원)
매장 취식 여부	불가능

오픈 4분 전, 10시 56분. 문을 열기도 전인데 이미 한 분이 기다리고 있었다. 11시가 가까워지자 내 뒤로 줄이 길어지며 기대감도 정비례해 두근두근. 정각 11시, 직원분들이 환하게 맞아 주시며 고소한 빵 냄새에 마음이 편안해진다.

이곳의 시그니처 메뉴인 베이글 샌드위치는 쫄깃한 베이글에 수제 사과조림이 담백하고 달큰하게 어우러지면서 묘하게 입맛을 돋운다. 또 다른 시그니처 메뉴인 로메스코 샌드위치는 루꼴라와 매콤 짭짤한 소스가 조화로운 이국적인 맛이다. 샌드위치를 유난히 좋아하는 나는 집에서 직접 여러 재료를 조합해 다양한 맛을 흉내 내곤 하는데, 요요연연의 샌드위치는 쉽게 따라 할 수 없는 아이덴티티가 있다. 직접 먹어 보니 빵집 앞 긴 줄이 절로 이해가 되고 말고.

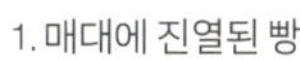
1. 매대에 진열된 빵
2. 개띠랑이 구매한 빵
3. 요요연연 외관

싸멜

빵과 사람의 온기가 머물며 마음까지 따뜻해지네~

주소	경기 광주시 태성로 130-1 B07
전화번호	031-762-9239
영업 시간	09:00~21:00 / 라스트오더 20:30
구매한 빵과 가격	베이첼(3,000원) / 치즈 치아바타(4,200원) / 크림 먹은 모카번(4,800원)
매장 취식 여부	불가능

건물 뒤편에 주차하고 매장에 들어서니, 고소한 빵 냄새에 금세 둘러싸였다. 언제 맡아도 마음이 평온해지는 마법의 향기. 진열대를 살피던 중, 마침 들어온 학생들이 어떤 빵을 고를지 고민하자 사장님이 생크림이 든 빵 종류를 추천했다. 옆에서 살짝 들은 나는 눈치껏 크림 먹은 모카번을 재빨리 쟁반 위로 올린다.

추천대로 모카번은 역시나 옳았고, 커피 내음이 진하게 퍼지면서 빵 속 보드라운 크림이 시원하고 달게 녹아 내렸다. 사장님이 방학을 맞은 학생들에게 좋은 날이라며 빵을 더 챙겨 주셔서, 덩달아 나까지 기분이 좋아졌던 장소. 언제 어떻게 오가게 될지 모르는 서비스 빵은 주는 것도 받는 것도 정다운 동네 빵집만의 이벤트다. 빵 맛처럼 마음까지 달콤해진 순간으로 오래 기억되길.

1. 개띠랑이 구매한 빵
2. 매대에 진열된 빵

메리베이커리

추억을 일깨우는 맛스러운 빵이 한가득이네~

주소	경기 남양주시 별내5로5번길 17 1층
전화번호	031-572-2584
영업 시간	매일 07:00~22:00
구매한 빵과 가격	마늘 소보로(2,200원) / 오곡 찰빵(4,400원) / 몽블랑(6,200원)
매장 취식 여부	가능

보기만 해도 먹음직스러운 빵들에 정신이 혼미해지는 메리베이커리. 이곳에서 가장 내 눈에 들어온 빵은 진열대 한가운데에 놓인 커다란 몽블랑이다.

폭신한 몽블랑은 빵의 결이 겹겹이 살아 있어 입안 가득 촉촉함과 고소함이 퍼졌다. 그 맛을 느끼는 순간, 문득 초등학생 때 엄마가 동네 빵집에서 사 오시던 몽블랑이 떠올랐다. 폭신하고 달콤한 그 식감이 너무 좋아서 한때 매일같이 사 먹곤 했는데. 엄마는 시장에서 몽블랑을 사 달라던 내 요청을 한 번도 거절한 적이 없었다. 빵을 받고 좋아서 방방 뛰는 딸을 보는 게 엄마의 작은 기쁨이지 않았을까? 나에게 몽블랑은 부드러운 결, 촉촉함, 그리고 존재 자체만으로 호감을 주는 빵이다.

1~2. 매대에 진열된 빵
3. 개띠랑이 구매한 빵

차차빵집

먹는 재미와 보는 재미가 공존하는 곳이네~

커피 및 음료도 팔고 있고,
배달 주문도 가능해요.

주소	경기 하남시 신우실로 83 1층 101호
전화번호	0507-1309-5015
영업 시간	월~토 08:00~21:00
구매한 빵과 가격	불고기 치아바타(4,800원) / 고구마 페이스트리(4,000원) / 차차 슈크림빵(3,000원)
매장 취식 여부	가능

아기자기한 실내의 차차빵집은 귀여운 강아지 캐릭터가 반겨 주는 곳이다. 특히 이 강아지 캐릭터를 똑 닮은 차차 슈크림빵이 눈길을 끄는데, 한 아이가 엄마 손을 잡고 와서 꼭 사 달라고 하던 모습이 아직도 눈에 선하다.

차차 슈크림빵은 모양이 너무 예뻐서 어디부터 먹을지 고민됐지만, 과감히 한 입 베어 물자 보드라운 크림 속 바닐라빈 냄새가 향긋하게 퍼졌다. 보기 좋은 떡이 먹기도 좋다는 속담은 이 빵에 딱 어울린다. 불고기 치아바타는 쫄깃한 빵과 고기가 잘 어울리며 무난한 간식 빵으로 제격이었고, 마무리는 달짝지근한 고구마 필링과 햄과 치즈가 풍성한 페이스트리로! 다양한 맛을 두루 즐길 수 있는 구매 가치 100점 만점의 빵들이다.

1. 매대에 진열된 빵
2. 개띠랑이 구매한 빵

베이커스서비

순식간에 품절되는 빵으로 인기를 증명하는 곳이네~

주소	경기 시흥시 은계로142번길 7-2
전화번호	0507-1359-3769
영업 시간	수~일 8:30~18:30 / 정확한 마감 시간 공지는 인스타그램에서 확인
구매한 빵과 가격	꿀치즈 캄파뉴(6,000원) / 소금 바게트(3,500원) / 소시지 할라페뇨(5,200원) / 살구 크림치즈(5,000원)
매장 취식 여부	불가능

들어서기 전, 한 손님이 빵을 한 아름 사 가는 모습에 기대하며 서둘러 입장! 진열대를 보다가 빵의 한 종류가 텅 비어서 이유를 물으니, 바로 앞 손님이 한꺼번에 다 사 갔다고 했다. 이게 바로 '빵집에서 서운한 순간 베스트 5' 안에 들어가는 상황이 아닌가. 하지만 그렇다고 포기할 순 없지! 나를 웃게 할 다른 빵들은 뭐가 있을까?

눈을 반짝이며 찾은 소시지 할라페뇨는 부드러운 빵 속에 소시지와 할라페뇨의 매콤달콤함이 잘 어우러졌고, 치즈와 견과류가 다채로운 식감을 더해 입안이 즐거웠다. 이와 다르게 살구 크림치즈는 상큼한 살구와 크림치즈의 눅진함이 조화를 이루며 입안을 부드럽게 맴돌았다. 꿀치즈 캄파뉴와 소금 바게트는 이곳의 베스트 메뉴인 것이 이해될 정도로 술술 넘어 가며 '순삭' 하게 되는 맛이었다. 다음엔 놓쳤던 빵도 꼭 맛볼 테다!

1. 매대에 진열된 빵
2. 개띠랑이 구매한 빵

겉은 푸딩처럼 촉촉하고 속은 바게트처럼 바삭한
'겉촉속바' 빵이 있다면, 어떤 이름을 지어주고 싶나요?

11월의발자국

즐거움이 차오르면서 자꾸만 생각나는 빵집이네~

가게 앞에 잠시 주차가 가능해요.
커피 및 음료도 판매하고 있어요.

주소	경기 부천시 원미구 석천로110번길 59
전화번호	0507-1359-8532
영업 시간	매일 09:30~20:30
구매한 빵과 가격	마스카포네 크루아상(5,700원) / 고다마요(3,800원) / 인절미 슈(3,300원) / 딸기 크루아상(7,500원)
매장 취식 여부	가능

빵을 구경하다 보니 주방에서 열심히 빵을 굽는 제빵사님이 보였다. 뜨거운 오븐 앞에서 빵 굽기에 열중하는 모습에서 몰입과 장인 정신이 느껴지며 불현듯 떠올랐다. 내 앞에 있는 모든 맛있는 음식에는 누군가의 손길이 배어 있다는 것을.

크루아상 종류가 다양해 고민하던 중 추천받은 마스카포네 크루아상은 바닐라빈 크림이 가볍고 시원하면서 빵 결이 살아 있어, 한 번 먹고 나니 계속 생각났다. 딸기 크루아상은 촉촉한 딸기가 듬뿍 들어 있어 또 자꾸만 생각났고, 인절미 슈는 담백한 크림과 쫄깃한 떡 느낌이 조화로웠다. 묵묵히 빵 굽는 사람의 마음이 담겨 이렇게 자꾸자꾸 생각이 나는 걸까? 사랑받는 제과점에는 다 이유가 있구나.

1. 매대에 진열된 크루아상
2. 개띠랑이 구매한 빵

빵집에서 늘 먹던 빵을 먹는 편인가요,
아니면 새로운 빵에 도전하는 편인가요?

도어온

입안 가득 번지는 묵직한 타르트의 감동이 오래 남는 곳이네~

에그타르트 전문점으로,
주말에만 나오는 에그타르트와
시즌별로 나오는
에그타르트가 있어요.

주소	경기 화성시 동탄공원로2길 33-15 1층 101호
전화번호	0507-1356-9540
영업 시간	수~일 10:30~19:00
구매한 빵과 가격	플레인 에그타르트(3,900원) / 옥수수 에그타르트(3,900원) / 다크초코 에그타르트(4,100원) / 페레로로쉐 에그타르트(4,300원) / 보늬밤 에그타르트(4,500원) / 흑임자 에그타르트(4,300원) / 소금캐러멜 에그타르트(3,900원) / 피자 에그타르트(4,500원) / 애플시나몬 에그타르트(4,100원)
매장 취식 여부	가능

2021년 12월부터 내 단골집이 된 에그타르트 전문점이다. 기본에 충실하면서 특별한 타르트가 정말 많다. 이번에도 몇 개만 고르기 어려울 만큼 맛있어 보이니 맛별로 다양하게 먹어 보자!

타르트를 손에 쥐면 묵직한 무게감에 놀라게 된다. 한 입 먹으면, 크리미하고 진한 계란 필링이 입안을 부드럽게 채운다. 특히 기본 플레인은 바닐라빈 향과 달콤함이 은은하게 퍼지며, 정통 에그타르트의 정석을 보여 주었다. 역시 튜닝의 끝은 순정인가. 다크초코는 쌉싸래하면서도 단맛이 에그타르트와 묘하게 잘 어울렸고, 피자, 옥수수 등 이색적인 맛도 있어서 하나씩 먹을 때마다 매번 신기할 뿐이다. 이번에는 어쩌다 보니 시즌 메뉴인 레몬 에그타르트를 사지 않았는데, 이건 자연스럽게 다음 시즌을 기약하라는 의미겠지? 다음엔 또 언제 올까?

1. 시즌 메뉴인 레몬 에그타르트
2. 개띠랑이 구매한 타르트

엉클브레드

삼촌의 푸근한 마음으로 건강한 쌀빵을 선물하네~

쌀빵 전문점이에요.
저는 첫 포인트 적립에 빵을
하나 받았고, 오늘의 첫 손님이라
한 개를 더 주셨어요.

서비스 빵은 어떠한 대가 없이 받은 것으로,
매장 상황에 따라 제공되지 않을 수 있습니다.

주소	경기 여주시 여흥로69번길 13-1 1층
전화번호	0507-1384-8092
영업 시간	월~금 09:00~19:00 / 토~일 09:00~18:00 /
	정기 휴무는 없으며, 네이버에서 매월 일정 안내 후 휴무
구매한 빵과 가격	여주 감자 샐러드빵(4,300원) / 쌀 야끼소바빵(4,300원) /
	햄 계란빵(3,600원)
매장 취식 여부	가능

엉클브레드의 빵은 여주 특산물인 여주 쌀로 만들었다는 점에서 특별하다. 형태나 식감 면에서 일반 빵과 큰 차이가 없어 누구나 부담 없이 즐기기에도 좋고. 가게에 들어서자 사장님께서 환하게 인사하며 빵을 하나씩 소개해 주셨다. 가게 이름대로 삼촌같이 친근한 분위기까지 갖춘 곳.

햄 계란빵은 부드러운 쌀빵 속에 반숙 계란과 햄이 섞여, 마치 반숙란을 빵에 싸 먹는 듯한 든든하고 고급스러운 맛이 났다. 쌀 야끼소바빵은 양배추와 면의 식감 덕분에 느끼함 없이 깔끔했다. 여주 감자 샐러드빵은 간이 잘된 감자 샐러드에 톡톡 터지는 옥수수가 더해져 담백 고소함이 폭발했다. 무엇보다 쌀로 빵을 만들었다는 점에서 속도 편하고 건강하다. 평소 밀가루 빵이 부담스러웠다면 강력 추천!

1. 개띠랑이 구매한 빵
2. 햄 계란빵

3. 매대에 진열된 빵

라르고베이커리

계절을 담은 케이크와 다양한 빵이 새로운 즐거움을 주는 곳이네~

주소	경기 파주시 금빛로 24-17 월드프라자 108호
전화번호	0507-1302-0156
영업 시간	월~금 09:00~20:00 / 토 09:00~19:00
구매한 빵과 가격	연유 쌀 바게트(3,600원) / 초숨딸 스콘(4,000원) / 치즈 무화과(2,500원) / 딸기 우유 생크림 1호(39,000원)
매장 취식 여부	불가능

매장 앞에서 동네 주민들이 계속 드나드는 모습을 보며, 맛집 직감! 입맛 도는 빵들과 함께 겨울철 딸기 생크림 케이크가 눈에 들어와서 홀린 듯 구매했다.

케이크는 부드러운 시트와 사르르 녹는 생크림, 상큼한 딸기가 어우러져 마치 신선한 딸기우유를 마시는 듯했고, 계절의 맛을 그대로 담고 있었다. 초숨딸 스콘은 촉촉한 빵과 딸기를 베이스로 초코칩이 달게 씹혀 딸기 아이스크림 같은 풍미가 즐거웠다. 역시 제철 과일을 담은 빵은 빵집에서 놓칠 수 없는 선택인데 이번에도 대성공이다. 라르고베이커리는 빵도 맛있지만, 케이크류에서 진가를 발휘하며 감동의 물개 박수를 자아낸다.

1. 매대에 진열된 빵
2. 개띠랑이 구매한 빵

오늘 오직 나만을 위한 케이크를 선물한다면,
어떤 케이크를 사고 싶나요?

밀로븐

추억을 회상하며 미소를 짓게 하는 빵집이네~

주차는 상가 주차장을
이용하세요.

주소	경기 고양시 일산서구 강성로 101 제일프라자 105호
전화번호	070-4101-0046
영업 시간	월~토 09:00~21:00
구매한 빵과 가격	깨찰빵(1,600원) / 오렌지 바게트(4,500원) / 감자 식빵(4,900원)
매장 취식 여부	불가능

이곳은 지나가는 사람들의 발길을 사로잡는 곳이다. 매대에 여러 종류의 소금빵부터 스콘, 모카번까지 먹음직스러운 빵들이 차곡차곡 놓여 있고, 아담하고 친근한 실내에 퍼지는 구수한 빵 냄새에 나도 모르게 내적 친밀감이 상승한다.

쫀득한 식감에 고소한 깨 맛이 살아 있는 깨찰빵은 어린 시절 먹던 깨찰빵 본연의 맛을 그대로 간직하고 있어, 깨찰빵 하나로도 세상을 가진 듯 행복했던 내 어린 날을 떠올리게 했다. 감자가 무스처럼 스며들어 더욱 고소한 감자 식빵은 학교와 회사에서 소리와 냄새를 최소한으로 줄이고 몰래 먹던 간식 빵을 상기시켰다. 그러고 보니 내 절친한 친구가 딱 좋아할 맛이라는 생각이 들기도. 왜 먹을수록 자꾸 추억이 떠오르지? 아마 밀로븐 빵에는 보이지 않는 정성과 다정함이 많이 들어 있나 보다.

1. 개띠랑이 구매한 빵
2. 매대에 진열된 빵

우리 동네 최고의 빵 맛집은 어디인가요?

곰이네고래빵

큼지막한 빵들의 다채로움이 입안을 풍요롭게 채우네~

인스타그램으로 오늘의 빵을
안내해 주고 있어요.

주소	경기 안양시 동안구 동편로49번길 19
전화번호	031-423-1625
영업 시간	화, 수, 금, 토 06:00~소진 시 마감 / 임시공휴일 휴무
구매한 빵과 가격	포카치아 샌드위치(8,000원) / 리코타 살구(8,000원) / 곰버터 브레드(5,500원) / 브리치즈 고다 샌드위치(8,000원) / 크루아상 샌드위치(8,000원) / 토마토 소스(2,500원)
매장 취식 여부	불가능

이른 새벽부터 찾은 이곳은 이름처럼 고래 같은 큼직한 빵들로 진열대가 든든하게 채워져 있었다. 특히 다양한 샌드위치들이 돋보였는데, 매장에 풍기는 고소한 냄새는 아침잠까지 금세 달아나게 한다.

리코타 살구는 바삭한 바게트 안에 새콤달콤한 살구잼과 고소한 리코타치즈가 풍성하게 들어 있어, 마치 살구 요거트를 빵으로 맛보는 듯한 즐거운 조합이었다. 포카치아 샌드위치는 쫄깃한 질감에 바질과 각종 고소한 재료들, 토마토 소스가 만나 피자처럼 든든한 한 끼가 된다. 곰버터 브레드와 크루아상 샌드위치는 터져 나올 듯 꽉 찬 속 재료로 보기만 해도 흐뭇해지는 비주얼! 역시 눈 뜨자마자 달려 가길 잘했군.

1~2. 매대에 진열된 빵
3. 개띠랑이 구매한 빵

브레드몽드

흥미로운 빵 모험을 떠나게 해 주는 신나는 빵집이네~

주차할 곳을 찾기가 어렵기 때문에 가급적 대중교통으로 방문하는 것을 추천해요.

주소	경기 수원시 권선구 권광로56번길 1
전화번호	031-225-5812
영업 시간	월, 화, 수, 금, 토, 일 08:00~22:00
구매한 빵과 가격	오이 바게트(6,000원) / 볼케이노(4,800원) / 라우겐 스콘(4,800원) / 매콤 소시지빵(5,000원) / 바게트 토스트(1,000원)
매장 취식 여부	불가능

오이 바게트라는 낯선 이름만으로 호기심을 자극한 브레드몽드. 단 한 입만으로도 머리에 각인된 빵집으로, 예상 밖의 신비로운 빵 모험을 떠나게 해 주었다.

초록빛이 스며든 오이 바게트는 크게 베어 물자, 개운하게 퍼지는 오이 향과 바삭한 바게트 식감이 예상 외로 잘 어울리며 진실의 미간을 부른다. 이름만 들으면 매운맛이 떠오르는 볼케이노는 알고 보니 화산 모양의 블루베리 크림치즈 빵이었는데, 이름에서 상상했던 맛과 실제가 다르니 재미있으면서 특별하게 느껴졌달까. 매콤 소시지 빵은 겉모양에서 왜인지 이국적인 맛이 날 것 같았지만 실은 한국인의 취향을 겨냥한 맞춤 소시지빵으로 호불호 없이 대중성 있는 맛이었고, 입이 심심할 때마다 손이 가는 간식으로 딱이다. 무엇이든 겉만 보고 속단해서는 안 된다는 교훈을 빵에서 얻는다.

1. 개띠랑이 구매한 빵
2. 매대에 진열된 샌드위치

식빵을 한 장씩 먹을 때마다 '빵에 얽힌 추억 한 장'이 나온다면,
어떤 순간들로 채워질 것 같나요?

온도베이커리

개성과 매력을 가진 빵들이 즐비하네~

영수증에 도장을 받으면
상가 주차 할인이 돼요.

주소	인천 부평구 체육관로 14 삼성메디플러스 1층 109호
전화번호	0507-1423-0069
영업 시간	월~토 10:00~21:00
구매한 빵과 가격	치즈 프레츨(3,800원) / 옥수수 소금빵(3,600원) / 모카 찰빵(4,000원) / 쪽파 크림치즈 프레츨(4,500원) / 도깨비 초코방망이(5,000원)
매장 취식 여부	불가능

들어서자마자 사람들이 쟁반에 소복이 빵을 담는 모습이 보여, 나 역시 빵을 담는 발걸음을 재촉한다. 옆 사람들이 쟁반에 무엇을 담는지 곁눈질하는 것은 나만 하는 게 아닐 거야.

모카 찰빵은 모카빵과 찹쌀떡을 동시에 즐기는 듯한 독특한 질감에 호두와 건포도가 어우러져 많이 달지 않으면서 은은한 커피 향이 나서 좋았다. 옥수수 소금빵은 짭짤한 옥수수 맛에 톡톡 터지는 알갱이가 씹는 즐거움을 더했고, 퍽퍽함 없이 부드러워 순식간에 다 먹어 버렸다. 도깨비 방망이 모양의 초코빵은 진한 초코칩과 초콜릿 덩어리가 통째로 들어 있어, 초코빵 한 입에 우유 한 잔을 곁들이니 두 배로 맛있게 먹을 수 있었다.

1~2. 매대에 진열된 빵
3. 개띠랑이 구매한 빵

나의 인생을 빵 맛으로 표현한다면 어떤 맛일까요?

벨팡

맛과 비주얼을 모두 잡은 빵들이 넘치네~

주소	인천 강화군 길상면 온수길 32
전화번호	070-8691-4605
영업 시간	월, 화, 금, 토, 일 11:00~18:00
구매한 빵과 가격	토마토 페타치즈 치아바타(5,000원) / 쥘트(5,000원) / 프란츠 브뢰첸(4,000원) / 쇼코 쉬네켄 (4,500원)
매장 취식 여부	불가능

문을 열자, 고소한 빵 내음과 함께 독일식 이름을 단 큼직한 빵들이 줄지어 반긴다. 이름을 읽을수록 '어떤 맛일까?' 행복한 궁금증에 마음도 들썩들썩. 건강하고 먹음직스러워 보이는 빵들이 많아, 설레는 마음을 겨우 진정시키고 빵들을 고른다.

토마토 페타치즈 치아바타는 은은한 산미 뒤 구수한 뒷맛을 선사하는 밸런스가 좋았고, 쮈트는 허브 향 가득한 풍미로 바게트와 캄파뉴 사이의 식감을 뽐냈다. 시나몬의 달콤함과 호떡 맛이 어우러진 프란츠 브뢰첸, 초콜릿이 아그작 씹히며 혼자 먹기 아까울 만큼 고급스러운 맛의 쇼코 쉬네켄까지. 빵을 자르지 않고 통째로 포장하는 나를 보고 사장님이 "크으~" 감탄하셨다. 빵순이 배지를 받은 듯 마음까지 흐뭇해지는 순간. 개띠랑은 오늘도 행복합니다! 하하.

1. 개띠랑이 구매한 빵
2. 토마토 페타치즈 치아바타

만약 내가 빵집 사장님이 된다면,
가게 이름을 뭐라고 짓고 싶나요?

베이커리빵끗

이름처럼 '빵끗' 웃음을 짓게 하는 매력적인 빵들이 가득하네~

주소	인천 미추홀구 수봉안길 62 1층
전화번호	0507-1351-9057
영업 시간	화~일 10:00~21:30 / 라스트오더 21:00
구매한 빵과 가격	무화과 버터(5,500원) / 말차 리본 페이스트리(4,800원) / 양파빵(5,700원)
매장 취식 여부	가능

주택을 개조한 듯한 외관, 언덕 끝에 자리한 베이커리빵끗은 손님맞이 준비가 끝나면 주변에 금세 빵 향이 흘러넘친다. 길거리의 고소한 냄새에 이끌려 지갑이 가벼워진 적이 많아 은근히 경계가 되지만, 언제나 유혹에 넘어 가고 마는 마성의 냄새다.

말차 리본 페이스트리는 리본을 닮은 예쁜 모양에 팝콘 냄새가 유혹적이었고, 진한 녹차 아이스크림을 연상시키는 맛과 빵의 결이 겹겹이 살아 있어 절로 미소가 지어졌다. 무화과 버터는 겉은 바삭하면서 속은 촉촉해 입천장을 걱정할 필요 없이 입에 착 감겼고, 달콤함과 고소함이 완벽하게 어우러진다. 양파빵은 피자빵처럼 익숙하면서도 양파, 피클, 파 맛이 한데 어울려 중독성 있는 풍미를 선사한다. 냄새도 맛도 이름 그대로 빵끗 웃음이 지어지는 빵이 한가득이다.

1. 말차 리본 페이스트리

2. 개띠랑이 구매한 빵

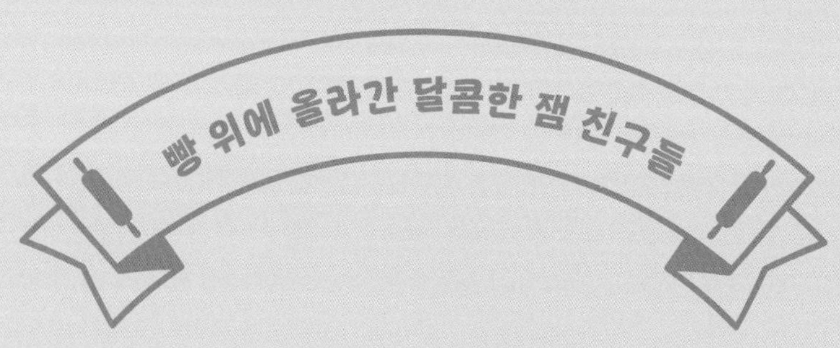

빵 위에 올려 먹는 잼은 빵의 맛을 한층 풍부하게 해 주는 중요한 친구다. 잼은 과일이나 견과류 등을 설탕과 함께 졸여 만든 것으로, 과육의 맛과 향이 살아 있어 달콤하고 상큼한 풍미를 즐길 수 있다. 사람들은 알고 있을까? 지금 먹는 빵에 잼 한 스푼만 올려도 맛이 180도 달라진다는 것을.

딸기잼은 과육이 톡톡 터지는 달콤함으로 부드러운 식빵이나 크루아상과 함께 먹으면 미소를 짓게 한다. 블루베리잼은 진한 과일 향과 은은한 산미가 입안을 가득 채워, 버터를 바른 크루아상이나 요거트빵과 잘 어울린다. 새콤달콤한 라즈베리잼은 부드러운 빵과 만나면 상큼함이 입안에서 터져 브리오슈나 스콘과 즐기기 굿! 무화과잼은 씹는 맛이 살아 있어 치아바타나 호밀빵과 함께하면 고급스러운 식감을 더한다. 아침을 상큼하게 시작하고 싶다면 사과잼

이나 오렌지 마멀레이드를 토스트나 소금빵에 곁들이는 것을 추천한다. 특히 소금빵과 오렌지 마멀레이드 조합은 달콤함과 짭짤함이 만나 완벽한 단짠의 조화를 이룬다. 달콤하고 고소한 밤잼은 식빵이나 바게트와 함께 먹으면 든든한 간식이 되고, 진한 밀크초콜릿 맛의 초콜릿잼은 부드러운 식빵과 먹으면 달콤함이 배가 되는 마법. 커피 향이 느껴지는 에스프레소잼은 크루아상이나 밤빵과 궁합이 뛰어나, 살짝 씹히는 풍미와 함께 잔잔한 여운을 남긴다.

잼과 비슷한 스프레드도 있다. 스프레드는 빵 위에 고르게 발라 균일한 맛을 즐길 수 있는 제품으로 크림처럼 부드럽다. 반면 일반 잼은 과육이 살아 있어 씹는 재미와 질감의 다양함을 제공한다. 그 밖에도 과일을 채로 곱게 으깬 퓌레(Purée), 퓌레를 농축한 페이스트(Paste), 과육 없이 과즙만 걸러 만든 젤리(Jelly), 과일과 설탕을 통째로 익혀 갈아 만든 과일 버터(Fruit Butter), 계란과 버터와 과즙을 섞어 응고시킨 커드(Curd), 과일 함량이 높고 설탕은 적게 넣어 부드럽게 만든 콩포트(Compote), 인도식 잼 처트니(Chutney), 그리고 감귤류 과육과 껍질을 함께 졸인 마멀레이드(Marmalade)까지 지역과 재료와 가공 방식에 따라 각기 다른 매력과 맛이 있다.

담백한 크루아상 위에는 블루베리잼을, 부드러운 식빵에는 초콜릿잼을, 고소한 소금빵에는 오렌지 마멀레이드를 올려 보자. 잼 한 스푼이 빵 위에 퍼지는 순간, 생각지 못한 반전이 펼쳐질 테니까. 잼은 단순한 토핑이 아닌, 빵과 함께하는 또 다른 여행의 시작이자 미식의 즐거움을 느낄 수 있는 색다른 묘미이다.

충청

아카렌가베이커리

신비한 빵의 세계에 들어온 듯 놀라움이 가득한 빵집이네~

주소	충남 당진시 북문로1길 31-1 서흥빌딩 102호
전화번호	0507-1380-8896
영업 시간	수~일 10:00~20:00
구매한 빵과 가격	화이트 마카다미아(3,000원) / 화이트 초코 소금빵(3,800원) / 엔사이마다(2,800원) / 당진서리태 쫀쫀이(3,800원) / 당진서리태 말차빵(3,300원)
매장 취식 여부	가능

아카렌가베이커리는 가게 이름에서도 연상되듯 일본식 베이커리와 함께 당진의 특산물인 서리태를 활용한 빵이 눈길을 끌었다. 게다가 아늑하면서도 아기자기한 인테리어, 들어서자마자 입구 앞 주방에서 환하게 맞이하는 빵 굽는 직원분들의 모습에서 마치 빵으로 가득 찬 신비한 세계에 진입하는 느낌이 들었달까? 그렇다면 망설임 없이 그 세계를 즐겨야지!

화이트 마카다미아는 옅은 단맛과 쫀득한 식감이 입맛을 당겼고, 화이트 초코 소금빵은 달콤함, 짭짤함, 바삭함이 이색적으로 어우러져 새로운 맛의 도전이었다. 당진서리태 말차빵은 입안 가득 퍼지는 말차 향과 초콜릿, 팥의 조화가 독특하고, 당진서리태 쫀쫀이는 쫀득하고 고소한 맛이 도드라지며 여섯 개가 들어 있는 한 묶음을 그 자리에서 다 먹어 버릴 만큼 맛있다. 사장님, 이런 세계로의 초대라면 언제든 대환영이죠.

1. 매대에 진열된 빵
2. 개띠랑이 구매한 빵

더뿌리

빵 하나의 행복을 선물하는 곳이네~

커피 및 음료를 판매하고 있고,
음료 쿠폰이 있어요.

주소	충남 당진시 대덕1로 125-102 1층
전화번호	0507-1328-8433
영업 시간	화~일 10:00~20:00 / 라스트오더 19:50
구매한 빵과 가격	베리 콤포트(6,000원) / 올리브 토마토(4,000원) / 먹물치즈 치아바타(4,000원) / 올리브&치즈 푸가스(6,500원)
매장 취식 여부	가능

더뿌리는 햇살이 포근하게 스며들어 따뜻한 공간이다. 이곳은 빵이 10시부터 나오기 시작해 12시쯤에는 전부 진열된다고 하니, 갓 구운 빵을 맛보고 싶다면 10시에서 12시 사이에 방문하는 것을 추천한다.

베리 콤포트는 시원하고 상큼한 블루베리와 바삭한 데니시, 짭짤한 크림치즈가 골고루 어우러져 디저트로서 훌륭했다. 여기에 가장 위에 올려진 딸기 하나가 화룡점정의 맛을 완성한다. 로즈마리 향이 살짝 감돌아 매력적인 올리브&치즈 푸가스는 차진 질감에 올리브와 치즈의 풍미가 더해져 든든하게 즐길 수 있다. 따뜻한 햇볕과 즐기는 빵 하나의 여유라니 행복이 별거 없네

1~2. 매대에 진열된 빵
3. 개띠랑이 구매한 빵

도넛을 이어서 목걸이를 만든다면,
어떤 도넛으로 만들어 보고 싶나요?

성심당

거리가 온통 빵 향기와 빵을 사랑하는 사람들로 가득하네~

제가 방문한 곳은 성심당 본점이며, 주차는 가게에서 지정한 유료 주차장에서 가능해요. 성심당 어플을 통해 가입하면 포인트 적립을 할 수 있어요.

주소	대전 중구 대종로480번길 15
전화번호	1588-8069
영업 시간	매일 08:00~22:00
구매한 빵과 가격	명란 바게트(3,800원) / 딸기 튀소(3,500원) / 초코 튀소(2,000원) / 판타롱 부추빵(2,000원) / 아몬드 크루아상(3,500원) / 단팥빵(1,700원)
매장 취식 여부	불가능

평일, 주말 할 것 없이 줄이 긴 빵집이지만, 기다리는 사람들 모두 다 설렘이 가득한 표정이다. "딸기 튀소 꼭 사야지!" 어디선가 들려오는 외침에 나도 재빨리 마음속으로 구매 빵 목록을 작성한다. 가게에 가까워질수록 고소한 빵 냄새가 코를 자극했고, 매장 안은 북적였지만 빵은 동나지 않고 끊임없이 채워졌다.

딸기 튀소는 환상적인 겉바속촉, 넉넉히 들어간 팥 앙금과 크림과 딸기로 커다란 행복을 선물해 주었다. 판타롱 부추빵은 싱싱한 부추 향이 솔솔 나면서 계란과 햄 등의 재료가 함께 씹히는 별미 중의 별미. 명란 바게트는 명란 고유의 풍미와 바삭한 빵, 마요네즈가 어우러져 더욱 깊은 맛을 낸다. "이 맛을 만나기 위한 줄이었구나!" 빵 향기와 기대감으로 가득한 이곳은 방문할 때마다 설레는 장소이다.

1. 개띠랑이 구매한 빵
2~3. 매대에 진열된 빵

빵만큼 좋아하는 다른 음식이 있다면 무엇인가요?

로로네베이커리

한 입 베어 무는 순간, 부드러움 속에 숨겨진 참맛이 터져 나오네~

준비한 빵이 모두 소진될 경우
조기 마감할 수 있다고 해요.
포인트 적립이 가능해요.

주소	대전 중구 중교로 30 승촌빌딩 1층
전화번호	0507-1386-0260
영업 시간	월~금 09:00~19:30 / 토~일 10:00~19:00
구매한 빵과 가격	뺑 애플(5,000원) / 피스타치오 크림 페이스트리(5,200원) / 체리퐁당(5,200원) / 구운 문어 고로케(4,200원)
매장 취식 여부	가능

로로네베이커리의 시그니처 빵들은 종류마다 구워지는 시간이 정해져 있다. 빵 나오는 시간표를 확인하고, 가장 먹고 싶었던 리본 페이스트리 빵을 찾아 오전 11시에 맞춰 도착!

리본 페이스트리는 종류가 다양했는데, 피스타치오 크림 페이스트리는 쫀쫀한 라즈베리잼과 고소한 피스타치오 크림이 바삭한 빵과 대비되면서 완벽한 조화를 이루었다. 체리퐁당은 부드러운 크림과 생체리 과육이 만나 마치 체리우유를 빵으로 마시는 듯했다. 처음 만난 문어 고로케는 다코야키 향에 짭조름한 카레와 문어가 씹히며 퓨전 요리를 맛보는 듯하고, 뺑 애플은 애플 파이와 슈크림이 섞인 맛으로 겉바속촉의 정석이다. 이제 보니, 리본 페이스트리 못지 않게 다른 빵들도 맛있잖아?

1. 매대에 진열된 빵
2. 개띠랑이 구매한 빵

하레하레

부드럽고 촉촉한 식감으로 누구에게나 편안한 맛을 선사하네~

제가 간 곳은 둔산점으로,
같은 대전 안에 갤러리아
타임월드점, 도안점,
건양대병원점, 유성점이 있어요.

주소	대전 서구 둔산로 155 크로바아파트 제상가동 1층
전화번호	0507-1424-1595
영업 시간	베이커리: 매일 08:00~21:00 / 카페: 매일 09:00~20:00
구매한 빵과 가격	햄치즈 치아바타(6,000원) / 쌀 하레치즈(6,500원) / 마시멜로 속 갸또(3,800원) / 못난이 녹차 인절미(4,300원)
매장 취식 여부	가능

이곳은 인스타그램 팬분의 추천으로 2022 대전빵축제에서 처음 만난 인연이다. 당시 폭염 속에서 이가 없어도 먹을 수 있을 만큼 부드러운 쌀 하레치즈를 맛본 후, 언젠가 꼭 매장을 가리라 마음먹었다. 그리고 3년 만의 방문! 오래 기다린 만큼 반가움이 두 배였다.

신선하고 든든한 햄치즈 치아바타는 샐러드 가게에서 팔 것 같은 건강한 재료가 넉넉히 들어 있어 간편한 한 끼 식사로 제격이었다. 못난이 녹차 인절미는 한 입 베어 물자 빵의 쫄깃함과 콩가루가 동시에 퍼지며 독특한 매력을 뽐냈다. 게다가 얼려 먹으니 시원한 슈크림과 빵의 식감이 도드라지면서 또 다른 매력이 있군? 마시멜로 속 갸또는 초코와 마시멜로가 솜사탕처럼 입안에서 사르르 녹으며 마음을 흔들었다. 나를 반하게 했던 쌀 하레치즈는 여전히 촉촉하고 부드러운 일품 카스텔라 맛으로, 변치않는 꾸준함을 증명했다. 아, 나 하레하레 좋아하네.

1. 개띠랑이 구매한 빵
2. 햄치즈 치아바타

콜마르브레드

군침이 도는 빵들로 빵지순례를 부르는 빵 부잣집이네~

제가 방문한 곳은 죽동 본점으로, 지점은 어은동점과 세종점이 있어요. 매달 마지막 주 수요일은 '쿠폰데이'라, 일정 금액 이상을 구매하면 금액별로 할인쿠폰을 준답니다.

주소	대전 유성구 죽동로297번길 12
전화번호	042-824-0257
영업 시간	매일 08:00~22:00
구매한 빵과 가격	시금치 치아바타(5,200원) / 끼리 바나나(5,500원) / 감자 바게트(4,600원)
매장 취식 여부	가능

막 나온 빵 내음이 폴폴 나는 콜마르브레드에 도착했다. 3년 전 빵 여행을 하며 맛본 이곳의 대표 메뉴 끼리 바나나의 맛이 여전히 생생한 나의 미각. 잊지 않고 오늘도 맛봐 주지!

오랜만에 다시 먹은 끼리 바나나는 부드러운 슈크림빵 속에 어린 시절 종종 먹던 끼리 크림치즈의 진한 풍미, 고루 박힌 바나나 조각까지 더해져 먹는 내내 고개가 절로 끄덕여진다. 이번에는 다른 빵들의 매력에도 빠졌다. 시금치 치아바타는 담백한 빵 속에 신선한 채소가 가득했는데, 어니언 크림치즈를 곁들이니 한결 풍성한 맛이 났다. 감자 바게트는 감자와 햄, 맛살이 샐러드처럼 어우러져 튀기지 않은 고로케를 먹는 듯하면서도, 강렬한 할라페뇨의 향과 매콤함이 빵 자체의 느끼함을 싹 잡아 주었다. 첫 만남의 감동이 여전해, 다시 찾아도 반가워지는 곳. 군침이 도는 빵이 많은 빵 부잣집이 아닐 수 없다.

1. 매대에 진열된 빵
2. 개띠랑이 구매한 빵

빵만 가지고 피크닉을 떠난다면,
어떤 빵들을 가지고 어디로 가고 싶은가요?

뚜쥬루

빵 테마파크에 놀러온 듯한 활력과 다채로운 빵들이 넘치는 곳이네~

주소	충남 천안시 동남구 풍세로 706
전화번호	041-578-0036
영업 시간	빵전문관/케익하우스 매일 08:00~22:00 / 빵마을카페
	매일 10:00~20:00 / 어린이베이커리 수~일 10:00~18:00 /
	어린이베이커리는 월, 화가 공휴일인 경우 정상 영업
구매한 빵과 가격	거북이빵(2,600원) / 돌가마 만주(2,500원) /
	매콤피자 소시지(4,600원) / 요거트 스트로베리(6,500원) /
	콘프레이크 슈크림(3,000원) / 뚜쥬루 피자(6,800원)
매장 취식 여부	가능

이곳은 지점명처럼 '빵 마을'이라는 이름이 매우 잘 어울린다. 건물마다 빵전문관/케익하우스, 빵마을카페, 어린이베이커리로 테마가 달라 빵 테마파크를 여행하는 기분이랄까. 빵을 고르는 사람들의 얼굴에 들뜬 기색이 가득했고 나 역시 그중 한 명이었다.

진한 버터 향의 거북이빵은 일반 모카번보다 한층 깊은 풍미와 부드러움으로 감동을 주었다. 뚜쥬루 피자는 쫄깃한 반죽에 치즈, 불고기 등 재료가 가득했는데, 따뜻한 상태로 먹어도 맛있었지만, 식은 상태로 먹었을 때도 충분히 좋았을 만큼 퀄리티가 높았다. 무엇보다 팥 앙금이 꽉 찬 대표 메뉴 돌가마 만주는 페이스트리 겹과 팥알, 견과류의 조화가 일품이었다는 것. 빵을 고르는 재미와 둘러보는 즐거움, 맛보는 기쁨까지 한 번에 채워 주는 다채로운 곳이다. 이번 주말, 가족, 친구, 연인과 빵 나들이를 떠나 보는 건 어떠신가요?

1. 매대에 진열된 빵
2. 개띠랑이 구매한 빵

진스베이커리

마음을 훔치는 빵들로 다이어트를 잊게 만드네~

주소	충남 천안시 서북구 불당25로 146 106, 107호
전화번호	010-3050-1344
영업 시간	매일 10:00~22:00
구매한 빵과 가격	멜론빵(3,500원) / 오키나와 카스텔라(3,900원) / 엔젤 시폰 케이크(1/2)(3,500원)
매장 취식 여부	불가능

빵 굽는 훈기와 먹음직스러운 빵들로 들어서자마자 마음을 빼앗겼다. 정갈하고 군더더기 없이 가득 진열된 빵들, 오늘도 나의 다이어트는 실패로 돌아가는 것인가! 폭신한 엔젤 시폰 케이크는 부드러움을 형상화한 듯 시트가 입에서 사르르 녹아 내린다. 그냥 먹어도 좋지만, 우유를 곁들이니 단맛과 촉촉함이 한층 살아났다. 진스베이커리의 시그니처인 오키나와 카스텔라는 찹쌀과 호두가 들어가 쫀득하면서도 고소했는데, 떡처럼 차진 빵에 견과류가 씹히며 어디에서도 느껴 보지 못한 식감을 자랑했다. 여기에 상큼한 멜론 크림이 과하지 않게 입에 감기며 '순삭' 하게 되는 멜론빵까지. 이 빵들을 그 자리에서 다 먹어 버리다니 이로써 다이어트는 961전 961패지만, 기분만큼은 누구보다 뿌듯하고 상쾌하니까 괜찮아!

1~2. 매대에 진열된 빵
3. 개띠랑이 구매한 빵

크루아상 100개를 이어 붙일 수 있다면,
어떤 모양으로 만들고 싶나요?

종달새빵집

특출한 빵들이 가득한 정다운 빵집이네~

주소	충북 청주시 상당구 동남로109번길 14-2 101호
전화번호	0507-1336-7441
영업 시간	화~금 10:00~19:00 / 토 10:00~17:00
구매한 빵과 가격	퀸 아망(3,800원) / 바닐라슈 크루아상(4,500원) / 뺑 오 햄치즈(4,300원) / 갈릭 페이스트리(4,000원) / 올리브 페이스트리(4,000원) / 탕종치즈 모닝빵(5,500원)
매장 취식 여부	가능

오전 11시쯤 방문하니 빵이 거의 다 나와 있었고, 사장님께서 "천천히 둘러 보세요"라며 친절하게 맞아 주신다. 크루아상을 사는 맞은편 가게의 사장님과 계산대에서 친근하게 인사를 나누는 모습에도 동네 빵집의 훈훈한 정이 묻어나네.

고민 끝에 선택한 올리브 페이스트리는 씹을수록 고소하면서 짭조름한 맛이 취향을 저격했고, 마늘과 마요소스를 더한 갈릭 페이스트리는 은은한 마늘 향에 섞인 달콤 짭짤함이 일품이다. 개인적으로는 바닐라 향이 진하게 감도는 바닐라슈 크루아상이 '킥'! 나오는 길, "좋은 하루 보내세요"라고 인사해 주시는 사장님 덕분에 기분까지 좋아지는 하루를 보냈던 로컬 빵집이다. 뛰어난 빵들이 한자리에 모인 청주 맛집으로 개띠랑이 인정합니다.

1. 매대에 진열된 빵
2. 개띠랑이 구매한 빵
3. 갈릭 페이스트리

세상에서 가장 큰 빵을 만들 수 있다면,
어느 정도 크기까지 만들어 보고 싶나요?

행복한빵

기본에 충실하면서도 변하지 않는 맛을 간직한 곳이네~

주소	충남 태안군 태안읍 중앙로 80
전화번호	041-667-1007
영업 시간	월~토 07:00~21:00
구매한 빵과 가격	구운 야채 고로케(3,500원) / 생크림빵(1,800원) / 카스텔라(6,000원) / 불고기 야채 햄버거(5,000원)
매장 취식 여부	불가능

이곳은 오랜 세월 동안 함께한 동네 주민들의 애정이 느껴지는 빵집이다. 매장 분위기에서부터, 넉넉하게 놓여 있는 시식 빵까지 따뜻한 인심과 정겨움이 그대로 전해진다. 보드랍고 폭신한 카스텔라는 입에 넣자마자 혀에 사르르 스며들며 고등학생 시절 단짝 친구를 떠오르게 했다. 카스텔라를 항상 우유에 푹 찍어 먹곤 했던 그 친구, 잘 지내고 있으려나. 불고기 야채 햄버거는 담백한 번과 불고기 패티, 신선한 채소와 파인애플이 어우러져 단짠의 균형이 잘 맞았고, 재료가 아주 푸짐하게 들어 있어 두툼하면서 든든하다. 학교와 학원에서 특별한 날에 먹곤 했던, 정성과 건강함이 담겨 있는 딱 그 맛이네. 빵 덕분에 추억이 방울방울 떠오르는 시간 여행을 한다.

1. 매대에 진열된 빵
2. 개띠랑이 구매한 빵

가장 최근 빵을 먹은 것은 언제고, 어떤 빵을 먹었나요?

심플베이커리

혼자만 알고 싶은 숨은 빵 맛집이 여기 있네~

주소	충북 충주시 중앙탑면 원앙4길 35
전화번호	0507-1492-3115
영업 시간	화~토 11:00~20:00
구매한 빵과 가격	살라미 푸가스(4,500원) / 초코 바게트(3,500원) / 크랜베리 크림치즈 스틱(3,500원) / 산딸기 바게트(4,000원)
매장 취식 여부	불가능

이곳은 나 혼자만 알고 싶은 숨은 맛집이다. 충주 빵집을 검색하다 우연히 발견했는데, 마치 무림의 고수가 운영하는 듯 평범함 속에 비범함을 감추고 있는 곳. 빵순이 레이더가 작동한다!

살라미 푸가스는 체다치즈, 올리브, 살라미가 짭짤하면서도 담백해 한 입 먹는 순간 시원한 맥주가 생각났다. 산딸기 바게트는 새콤달콤한 크림과 고소한 호두가 곡물 바게트 속에 켜켜이 숨어 있어 별미였고, 크랜베리 크림치즈 스틱은 바삭하고 고소한 크랜베리 바게트와 부드러운 크림치즈가 환상의 콤비로 어울렸다. '심플' 베이커리라는 가게명에는 엄청난 '다채로움'이 숨어 있다. 잊지 않고 방문해 꼭 맛보기를.

1. 개띠랑이 구매한 빵
2. 크랜베리 크림치즈 스틱

1년에 단 한 번, 대전의 다양한 빵집들을 한 자리에서 만날 수 있는 대전빵축제가 돌아올 때마다 어김없이 설렌다. 3년 전 대전빵축제는 너무 더울 때 열린 바람에 빵 먹다가 더위까지 먹었는데, 올해는 축제를 앞두고 당일 아침까지 비가 내려 걱정이 한 짐…. 다행히도, 축제 시작 시각에 가까워지자 빗방울이 그쳤고 선선해진 공기와 함께 기분도 상쾌해졌다. 빵을 만날 기대감에 마음이 금세 들뜬다.

이번 축제는 작년보다 1시간 빠른 정오에 시작되었고, 여러 개의 게이트에서 대기 줄을 설 수 있어 작년과는 또 다른 풍경을 자아냈다. 행사 시작 전 대기 줄을 둘러보니 방문객들은 간이 의자, 미니 돗자리를 펴고 앉아 있거나, 삼각김밥이나 삶은 달걀로 잠시 허기를 달래고 있었다. 심지어 미리 준비해 온 빵을 먹으며 기다리는 사람까지. 해가

거듭될수록 빵 사랑꾼들에게도 각자만의 노하우가 쌓이는 건가. 기다림과 지루함보다는 축제에 대한 설렘이 가득한 모습들, 빵을 사랑하는 사람들이 한데 모였다는 사실만으로도 내 열정에 불이 붙는다.

드디어 행사가 시작되고 사람들이 입장했다. 축제장은 고소하고 달콤한 빵 냄새로 가

득했고, 부스마다 길게 늘어선 줄은 그 인기를 실감하게 했다. 특히 이번 축제 현장에서만 만날 수 있는 한정판 빵들을 비롯해, 난생처음 보는 이색적인 빵들도 많아서 눈, 쿄, 입이 모두 즐거웠다. 평소에 쉽게 접하기 힘든 특색 있는 빵, 시간과 장소가 주는 특별함으로 새롭게 다가오는 빵들로 이토록 나의 탐험 욕구를 자극하다니!

무엇보다 흥미로웠던 것은 긴 줄 속에서도 누구 하나 지루해하는 사람이 없었다는 점이다. 먼저 구매한 빵을 봉투 속에서 하나둘 꺼내 먹으며 다른 빵집 줄을 기다리는 사람들, 친구들과 서로 빵을 나눠 맛보며 웃음꽃을 피우는 모습, 각자가 느끼는 빵 맛이 어

떤지 맛을 기록하는 가족들까지 모두가 빵과 함께하는 시간을 나누고 있다. 그 모든 순간이 축제의 일부처럼 느껴져, 나 역시 모든 감각을 빵에 집중하고 진정한 '길빵(길에서 빵 먹기)'을 즐겼다. 이게 바로 빵을 기다리는 시간마저 행복한, 진정한 빵 축제의 생생한 현장이 아닐까.

내가 구매한 빵들 역시 '빵의 도시' 대전답게 어떤 것을 골라도 기대를 저버리지 않았다. 빵 하나하나에 담긴 정성과 개성을 느끼며, 빵에 대한 사랑이 더욱 깊어지는 시간이다.

강원

교동빵집

촉촉하고 매혹적인 데니시 식빵이 오픈런을 부르네~

주소	강원 강릉시 강릉대로 198 1층 이만구교동짬뽕 맞은편(교동사거리)
전화번호	0507-1305-0455
영업 시간	화~일 08:00~16:00
구매한 빵과 가격	플레인 데니시(하프)(6,400원) / 치즈 데니시(하프)(8,400원) / 애플 시나몬 데시니(하프)(7,900원) / 딸기잼(1,500원) / 카야잼(1,500원) / 오렌지 마멀레이드(1,500원)
매장 취식 여부	가능

이곳은 데니시 식빵으로 유명해 이른 아침부터 손님들로 붐빈다. 일찍 가지 않으면 금세 품절된다고 하여, 오픈 시간에 맞춰 도착! 사람들 대부분이 데니시 식빵을 서너 개씩 샀고, 나 역시 플레인, 치즈, 애플 시나몬 세 가지를 담는다. 그럼 맛있게 먹어 보자!

역시 데시니 식빵 전문점답게 일반 우유 식빵과 다른 달콤함과 촉촉한 빵 결이 감탄스러웠는데, 플레인 데니시는 빵 본연의 담백함이, 애플 시나몬 데니시는 은은한 향긋함이, 치즈 데니시는 짭짤하면서도 고소한 맛이 돋보였다. 함께 구매한 작은 잼들도 빵과 찰떡궁합으로 여행길에 챙겨 먹기 안성맞춤이군. 한 번 더 사고 싶어 늦은 오후 재방문했을 땐 완판된 것을 볼 수 있었다. 역시 아침 일찍 간 것이 다행이라 생각했고, 며칠간 실온 보관했는데도 촉촉함이 유지되는 점에 놀랐다. 교동빵집만의 비밀 레시피, 나만 궁금한 거 아니겠지?

1. 교동빵집 외관
2. 개띠랑이 구매한 빵

빵 모양의 가방을 만든다면, 어떤 빵으로 만들고 싶나요?

빵느루

새로운 빵 조합을 알아가는 재미가 가득한 빵집이네~

예약은 인스타그램 DM으로 가능하지만, 당일 예약은 전화로만 된다고 해요. 주말에만 나오는 빵이 있어요.

주소	강원 강릉시 용지로104번길 4-1
전화번호	010-2886-4097
영업 시간	화~토 08:00~17:30
구매한 빵과 가격	감자 베이컨 치즈(4,500원) / 감자 소금빵(3,500원) / 마늘 명란 치아바타(4,800원) / 올리브 치즈 할라페뇨(4,000원) / 치즈 대파빵(5,600원)
매장 취식 여부	불가능

가게에 들어서자 고소한 빵 냄새에 군침이 고인다. 빵들을 구경하다 보면 '이건 무슨 맛일까?' '저건 어떤 식감일까?' 이리저리 상상하게 되는데, 그러다 보면 어느새 쟁반은 빵으로 소복하다. 이곳은 특히 감자를 활용한 빵이 호기심을 불러일으켰다.

궁금했던 감자 소금빵은 감자와 소금빵이라는 신선한 조합으로 눈이 번쩍 뜨이며, 갓 쪄낸 감자에 소금을 콕 찍어 먹는 듯한 감상을 주었다. 올리브 치즈 할라페뇨는 입맛이 없을 때 딱 먹기 좋을 법한 구미를 당기는 매콤함이 살아 있었다. 주말에만 나오는 치즈 대파빵은 풍족하게 들어간 대파에 치즈가 황금 비율로 섞여 '다음에도 주말에 맞춰 와야겠다'라는 생각이 절로 들 만큼 별미다. 빵느루, 별 다섯 개 드릴게요!

1. 개띠랑이 구매한 빵
2. 마늘 명란 치아바타

나만 알고 있는 이색적인 빵 조합이 있나요?

자유빵집

빵 한 입으로 프랑스 여행이 시작되는 곳이네~

주소	강원 춘천시 만천로199번길 28 1층
전화번호	0507-1348-9871
영업 시간	매일 10:00~18:00
구매한 빵과 가격	크루아상(3,800원) / 뺑 오 쇼콜라(4,200원) / 레몬 머랭 크루아상(4,800원)
매장 취식 여부	가능

유럽 감성이 물씬 나는 분위기의 여기는 어디? 바로, 프랑스 유학을 다녀 온 사장님이 운영하는 자유빵집! 이곳에는 사장님이 파리에서 유학할 때 매일 아침 즐겨 먹던 맛을 잊지 못해 만든 빵이 있다고 한다. 그건 바로 뺑 오 쇼콜라. 그렇다면 이 개띠랑도 먹어 줘야지!

뺑 오 쇼콜라는 역시 한 입 베어 무니 파사삭 부서지는 결 사이로 달지 않은 초콜릿의 맛이 깊게 느껴진다. 사장님, 이게 프랑스의 맛이로군요! 크루아상은 겉바속촉의 결정판이었는데, 살아 있는 결마다 부드러움이 가득했다. 다음에는 커피와 함께 크루아상을 먹으며 프랑스식 브런치를 제대로 즐기고 싶군. 그리고 빵 먹으러 프랑스도 가 보고 싶다!

1. 자유빵집 실내
2. 매대에 진열된 빵
2. 개띠랑이 구매한 빵

유동부치아바타

갓 구운 치아바타의 담백함이 하루를 건강하게 채우네~

주소	강원 춘천시 동내면 외솔길19번길 80-34
전화번호	0507-1364-4647
영업 시간	월~금 15:00~18:00 / 토 14:00~17:00
구매한 빵과 가격	밀라노 피자 치아바타(7,800원) / 통밀 플레인 치아바타(4,900원) / 통밀 무화과 치아바타(5,500원)
매장 취식 여부	불가능

보통 빵집과는 달리 오후 3시에 문을 여는 유동부치아바타. 오픈 30분 뒤인 오후 3시 30분쯤 방문했는데, 이미 사람들로 북적였다. "이 빵집 진짜 좋아해!" 교복 입은 학생들의 외침에 마음이 일렁이며, 이 지역 사람들에게 인기 많은 맛집임을 실감한다.

내가 고른 통밀 플레인 치아바타는 폭신한 식감에 현미밥처럼 까끌거리며 씹는 맛이 통밀 본연의 구수함을 온전히 전했다. 밀라노 피자 치아바타는 쫄깃한 빵에 토마토, 올리브, 치즈가 고루 들어가 피자를 손에 묻히지 않고 즐기는 기분이랄까. 통밀 무화과 치아바타는 풍부한 통밀 향과 무화과, 견과류가 잘 어우러져 씹을수록 고소함과 담백함이 배어 나왔다. 각양각색의 치아바타는 모두 밀봉 포장되어 신선함까지 오래 지켜 주고 있다. 다음엔 택배로도 주문해야지~

1. 밀라노 피자 치아바타
2. 개띠랑이 구매한 빵

모든 빵 가격이 똑같다면,
어떤 빵을 제일 많이 먹을 것 같나요?

동내빵집

북적이는 활기 속에 발길이 닿는 순간부터 흐뭇한 빵집이네~

제품 소진 시 일찍 마감할 수 있다고 해요. 커피 및 음료도 판매하고 있어요.

주소	강원 춘천시 동내면 거두택지길44번길 19-11층
전화번호	0507-1321-8063
영업 시간	월, 목, 금, 토, 일 09:00~18:00
구매한 빵과 가격	시금치 감자(3,800원) / 치즈 스틱(2,800원) / 시나몬 롤(3,800원)
매장 취식 여부	가능

매장 근처에 도착해 차에서 내리자마자, 사람들 모두가 서둘러 빵집으로 쏙쏙 들어가는 모습을 포착했다. 그렇다면 같이 쏙 들어가 볼까?

내가 고른 시나몬 롤은 빵 층층이 배어 있는 시나몬이 크림치즈와 무척 잘 어울렸고, 한 입 먹을 때마다 시나몬 향이 기분 좋게 스며들었다. 치즈 스틱은 꼬릿한 풍미가 매력적이었는데, 고소함, 바삭함, 쫀득함의 삼박자를 모두 갖춘 빵이 있다면 딱 이거다. 시금치 감자는 씹을 때마다 시금치, 감자, 치즈의 단맛과 잔향이 올라오며 고소한 맛까지 일품이군. 분주한 분위기 속 사장님의 밝은 미소와 친절까지 더해져 활력이 가득하다. 유명한 곳은 다 이유가 있다는 그 말, 오늘 한 번 더 느끼네~

1. 개띠랑이 구매한 빵
2. 치즈 스틱
3. 매대에 진열된 빵

브레드테이블

따뜻한 배려와 한번 맛보면 헤어날 수 없는 마성의 빵이 있네~

주소	강원 원주시 향교길 57 대성현대아파트 상가동 203호
전화번호	0507-1490-8255
영업 시간	화~금 11:00~20:00 / 토~일 11:00~17:30
구매한 빵과 가격	리얼 갈릭(4,800원) / 명란 파게트(4,200원) / 명륜동 핫도그(4,800원)
매장 취식 여부	가능

사고 싶은 빵이 5분만 기다리면 나온다기에, 날도 덥고 잘됐다 싶어 팥빙수를 먹으며 기다리기로 했다. 게다가 여름 한정 팥빙수라니, 이건 놓칠 수 없다고! 조금 있으니 김이 모락모락 나는 뜨거운 빵이 나왔고, 팥빙수를 먹는 동안 빵이 식으면 포장해 주겠다고 말씀하셔서 세심한 배려에 편하게 기다릴 수 있었다.

사실 브레드테이블은 1년 전 처음 맛보고 잊지 못한 빵이 있어 다시 찾은 곳인데, 그것은 바로 명륜동 핫도그! 이번에도 소시지, 치즈, 할라페뇨가 모여 변함없이 뛰어난 맛을 자랑했고, 작년의 감동이 뭉클 되살아났다. 새롭게 시도한 명란 파게트는 밥이 생각날 만큼 감칠맛이 으뜸이었는데, 다음에는 명란 파게트 때문에 또 이곳을 찾을 것 같은 기분이 들 정도로 중독적이다. 사장님, 오래오래 장사해 주세요!

1. 명륜동 핫도그
2. 여름 한정 팥빙수

가장 맛있게 먹은 빵을 한 글자로 표현한다면?

네이키드베이커리

동네 주민들의 입소문이 빵 맛집임을 보장하네~

커피 및 음료도 판매하고 있어요.
빵 예약은 전화나 카카오채널로
가능해요.

주소	강원 원주시 남원로 441-14 1층
전화번호	070-8869-2511
영업 시간	매일 07:00~22:00
구매한 빵과 가격	아몬드 크림치즈 프레츨(4,000원) / 감자 베이컨빵(3,500원) / 비엔누아즈(3,000원)
매장 취식 여부	불가능

원주에서 지역 주민들이 극찬하는 네이키드베이커리를 찾았다. 왜인지 포스부터 남다른 빵이 가득한 매대. 건강빵은 직접 집게로 담고, 나머지 빵은 직원분에게 요청하면 바로 담아 주신다.

아몬드 크림치즈 프레츨은 부드러운 빵 속 아몬드와 견과류가 씹히며 적절히 달았고, 끝맛에 살짝 느껴지는 크림치즈의 새콤함이 아주 매력적이다. 감자 베이컨빵은 촉촉한 빵 속에 베이컨, 치즈, 소스가 어우러지며 찐 감자의 포슬포슬함까지! 비엔누아즈는 맛의 중심을 잡아 주는 묵직한 커피크림이 인상적으로, 커피를 좋아하는 사람이라면 누구라도 만족할 만한 맛이다. 과연 동네 사람들은 거짓말하지 않는다.

1~2. 매대에 진열된 빵
3. 개띠랑이 구매한 빵

아침, 점심, 저녁 중에 한 끼만 빵으로 먹을 수 있다면,
언제 먹을 건가요?

빵내음솔솔

어린 시절 추억의 맛들을 다시 만날 수 있네~

특별한 일이 없으면 매일
운영하고, 설날이나 추석에
길게 휴무한다고 해요.

서비스 빵은 어떠한 대가 없이 받은 것으로,
매장 상황에 따라 제공되지 않을 수 있습니다.

주소	강원 속초시 밤골3길 41 삼환아파트
전화번호	033-635-7119
영업 시간	매일 07:00~23:30
구매한 빵과 가격	햄버거(3,000원) / 팥 도넛(1,000원) / 햄치즈빵(1,800원) / 소보로빵 (1,000원)
매장 취식 여부	불가능

이곳은 어린 시절의 추억을 떠올리게 하는 정겨운 빵들이 많다. 계산할 때 사장님께 가게 이름이 찰떡같이 어울린다고 말씀드리자, 사장님이 직접 지은 이름이라며 환하게 웃으셨다.

두툼한 햄과 짭짤한 치즈에 소보로와 머스터드가 만난 햄치즈빵은 단짠단짠의 강약이 뚜렷해 아이들이 무척 좋아할 것 같다. 부드러운 빵 속에 떡갈비 패티와 신선한 채소가 푸짐하게 들어간 햄버거는 한 끼 식사로 손색이 없을 만큼 든든하다. 팥 도넛은 시간이 지나도 쫄깃해 꿀떡꿀떡 넘어갔고, 소보로빵은 고소한 땅콩 소보로 맛이 두드러지며 학창 시절 운동회에서 흰 우유와 함께 먹던 그 맛이 떠올랐다. 사장님께서 서비스라며 커다란 크림빵도 넣어 주셔서, 이름처럼 빵 내음을 솔솔 맡으며 정겹게 빵을 즐긴 곳. 넉넉한 인심과 함께 어릴 적 기억도 영화처럼 펼쳐진다.

1. 개띠랑이 구매한 빵

2. 햄버거

3. 햄치즈빵

오늘 하루 제빵사가 된다면, 어떤 빵을 만들어 보고 싶나요?

오빵쇼

정갈하게 진열된 페이스트리 하나하나가 흡족한 맛을 뽐내네~

커피 및 음료도
판매하고 있어요.

주소	강원 양양군 양양읍 남문3길 11-5 1층
전화번호	033-672-9551
영업 시간	월, 목, 금, 토, 일 08:00~19:00
구매한 빵과 가격	커스터드 페이스트리(4,900원) / 뺑 오 쇼콜라(4,600원) / 소금 프레츨 크루아상(4,500원)
매장 취식 여부	가능

프랑스어로 '따뜻한 빵'이라는 뜻을 가진 오빵쇼(AU PAIN CHAUD). 문을 열고 들어서자 정말 마법처럼 따뜻한 빵 향이 퍼졌고, 진열대에 정갈하게 놓인 페이스트리에 시선을 빼앗겼다. 구매 욕구를 자극하는 먹음직스러운 빵 모양에 그대로 홀릭.

커스터드 페이스트리는 적당히 단맛과 묵직한 커스터드 크림이 마치 바닐라 아이스크림을 먹는 듯한 감상을 주며 눈이 동그래졌다. 뺑 오 쇼콜라는 부드러운 빵 속에 진한 초콜릿 필링이 함께해 기본에 충실하면서도 깊은 맛을 보여 준다. 덕분에 양양 여행길이 더욱 즐거워지며, 겹겹이 부드러운 페이스트리로 각별했던 하루. 양양 페이스트리 맛집은 오빵쇼, 다들 기억해 주세요!

1. 개띠랑이 구매한 빵
2. 뺑 오 쇼콜라

여운포리빵집

지역의 특색을 담은 빵으로 행복이 배가 되네~

주소	강원 양양군 손양면 선사유적로 73-13
전화번호	0507-1341-1806
영업 시간	월, 목, 금, 토, 일 10:30~18:00
구매한 빵과 가격	잠봉햄 치즈 롤(2,800원) / 송화버섯 치아바타(4,000원) / 감말랭이 캄파뉴(6,500원)
매장 취식 여부	가능

붉은 벽돌집 외관과 지붕 위 '빵' 글씨가 눈길을 끈 여운포리빵집. 이곳에서는 양양의 특산물인 송화버섯으로 만든 빵을 맛볼 수 있다. 포장을 기다리는 동안 옆 손님들의 "와, 진짜 맛있다!"라는 감탄이 들려 호기심이 증폭되지만, 빵 특파원으로서 체면이 있으니 최대한 포커페이스를 유지해야지.

궁금했던 송화버섯 치아바타는 폭신하면서도 쫀득한 식감에 버섯볶음 같은 짭짤한 맛이 느껴져 새로웠다. 감말랭이 캄파뉴는 감말랭이의 쫀득함과 적당히 단맛이 은은하게 살아 있었는데, 캄파뉴에 감말랭이를 넣은 아이디어가 참 좋다고 생각했다. 양양의 특산물로 만든 빵 덕분에 양양을 한 번에 즐길 수 있던 곳으로, 빵에 대한 새로운 경험치를 쌓으며 레벨 업을 한 기분이다.

1. 매대에 진열된 빵
2. 개띠랑이 구매한 빵

우주에 단 하나의 빵만 가져갈 수 있다면,
무엇을 고를 건가요?

회사에 다니던 시절, 퇴근 후 집으로 향하는 길엔 늘 나만의 작은 의식이 있었다. 집 앞 편의점 빵 매대를 기웃거리며 샌드위치 하나를 집어 드는 일. 다채로운 속 재료와 빵이 선사하는 감미로움에 "아, 드디어 퇴근이구나" 하며 긴장이 풀리곤 했다. 그 소박한 한 조각이 하루를 마감하는 나만의 위로였다. 지금은 예전만큼 자주 찾진 않지만, 여전히 편의점에 들어서면 무심코 빵 매대부터 확인한다. 그리고 매번 놀란다. 불과 몇 년 전

과 비교할 수 없을 만큼 종류도 다양하고 퀄리티도 훌쩍 높아져 있기 때문에. '이런 빵이 편의점에도 나온다고?' 감탄하며, 유명 빵집 못지않은 맛과 비주얼에 눈이 휘둥그레진다.

어쩌면 우리 모두는 동네 편의점 빵 매대에서, 지친 하루를 달래 줄 '의외의 행복'을 발견할 수 있을지 모른다. 오늘 잠시 발걸음을 멈추고 편의점 매대를 둘러보면 어떨까. 예상치 못한 기쁨이 기다리고 있을지도 모른다.

CU

∘구매한 빵과 가격∘

이삭 햄치즈 치아바타(3,900원) / 옥수수 소보로 페이스트리(2,500원) / 하인즈 참치마요 포켓모닝(2,900원) / 노티드 클래식 바닐라크림 도넛(3,500원) / 블루베리 크림치즈 베이글(3,300원) / 황치즈 뚱쿠키 샌드(2,700원)

CU에서 가장 인상 깊었던 빵은 노티드 클래식 바닐라크림 도넛이다. 도넛으로 유명한 노티드 매장에서 사 먹었던 맛 그대로, 부드러운 빵과 진한 바닐라 크림이 일품이었달까. 하인즈 참치마요 포켓모닝은 빵이 상당히 부드러우면서 참치, 당근, 마요네즈의 맛이 적절하게 느껴져 대중의 취향을 저격한다. 블루베리 크림치즈 베이글은 크림치즈의 꾸덕꾸덕함과 블루베리의 산뜻함이 여느 베이커리 버금갈 정도로 훌륭하고, 베이글도 퍽퍽하지 않아 커피와 함께 즐기기 좋다. 빵 맛집 CU에서 다음에는 어떤 빵이 나올지 기대되는군.

GS25

∘구매한 빵과 가격∘

초쿄크림 모카번(3,500원) / 성수바게트(대파크림)(4,500원) / 서울우유 우유크림빵(2,700원) / 서울우유 우유크림도넛(2,500원) / 티라미수크림 페이스트리(3,800원) / 오븐에 구운 고로케(카레 맛)(2,900원)

GS25에서는 서울우유 우유크림빵이 특히 기억에 남는다. 크림이 안에 들어 있는데도 빵이 가볍고, 우유를 농축해 놓은 듯 빵이 사르르 녹아내리며, 행복 지수가 상승하는 느낌? 우유크림도넛은 우유크림이 뽀송한 도넛과 만나 짝꿍처럼 어울려 역시 유명 도넛 가게에 버금가는 퀄리티를 자랑한다. 오븐에 구운 고로케는 살짝 데워 먹으면 누룽지밥을 진한 카레와 먹는 듯한 맛을 풍기는데, 양파, 당근, 고기 등 알찬 구성이 만족스럽다. 왠지 내가 GS25에서 일하면 먹고 싶은 빵을 발주하는 데 돈을 다 쓸 것 같군.

5

경상

빵굽는남자

입에 착 달라붙는 빵들로 감각이 살아나는 곳이네~

제가 찾아간 곳은 태전동점이고,
같은 대구 안에 송현동점도
있어요. 커피 및 음료를 판매하고
있고, 포인트 적립이 가능해요.

주소	대구 북구 칠곡중앙대로46길 22
전화번호	053-312-4903
영업 시간	매일 07:00~23:00
구매한 빵과 가격	모카크림빵(4,500원) / 강낭마메(2,500원) / 블루베리 브리오슈(4,500원)
매장 취식 여부	가능

계산대 옆에 빵 종류에 따라 맛있게 먹는 법과 오래 보관하는 법이 쓰여 있어 빵에 대한 깊은 애정과 손님을 향한 진심을 느꼈다. 큼직하고 맛스러워 보이는 빵들에 무엇을 고를지 고민하다가 쟁반에 하나둘 담는다. 오늘은, 이 빵이다!

먼저 강낭마메는 촉촉하고 말랑한 빵 속에 쫀득한 찹쌀떡과 고소한 콩이 어우러져 적당히 달면서 입에 착착 감겼다. 블루베리 브리오슈는 부드러운 빵과 상큼한 블루베리, 그리고 부드러운 크림치즈가 더해져 입안을 빈틈없이 촉촉하게 채운다. 빵마다 맛있게 먹는 법, 오래 두고 먹는 법도 다르겠지만 뭐니 뭐니 해도 이렇게 갓 나온 빵을 사서 바로 먹는 게 최고 아닐까? 사실 저는 빵이 오래 남아난 적이 없는걸요, 허허.

1. 개띠랑이 구매한 빵
2~3. 매대에 진열된 빵

외계인에게 지구 대표 빵을 소개해야 한다면,
어떤 빵을 소개할 건가요?

이씨에그타르트

특별한 에그타르트가 총출동한 디저트 맛집이네~

제가 방문한 곳은
동성로점이고, 서울에
신촌점도 있어요. '이씨'(Ici)는
프랑스어로 '여기'를 뜻하는
동시에, 사장님 성도 '이씨'여서
사용한다고 해요.

주소	대구 중구 달구벌대로 2109-35 1층
전화번호	0507-1432-7378
영업 시간	매일 11:00~20:30
구매한 빵과 가격	오리지널(3,300원) / 콘옥수수(3,300원) / 파인애플(3,300원) / 복숭아(3,300원) / 토마토 바질(3,300원)
매장 취식 여부	불가능

다채로운 에그타르트들이 자리를 맞춰 진열되어 골라 먹는 재미가 있는 이씨에그타르트. 맛별로 진열대에 귀여운 캐릭터 이름표를 붙여 놓아 아주 아기자기하면서도 깜찍한걸?

대표 메뉴인 오리지널은 겉은 바삭하고 속은 촉촉한 황금 비율의 조화가 한 입 먹자마자 입안 가득 번졌다. 특히 나에게는 파인애플 에그타르트가 기억에 남는데, 연한 계란 필링과 파인애플이 만나 하와이안 피자가 떠오르는 이색적인 맛이었다. 토마토 바질은 토마토빵으로 된 에이드를 마시는 듯한 상큼함을 주기까지. 다양한 필링으로 맛의 균형을 맞춘, 바삭함과 촉촉함을 동시에 품은 에그타르트들이 총집합한 전문점이다.

1. 매대에 진열된 타르트
2. 개띠랑이 구매한 타르트

라봉봉제과점

주민들의 꾸준한 방문이 신뢰를 더하는 곳이네~

커피 및 음료도 판매하고 있고,
포인트 적립이 가능해요.

주소	대구 수성구 지범로21길 10
전화번호	053-782-3751
영업 시간	매일 08:00~23:00
구매한 빵과 가격	킹왕빵(6,000원) / 크레존(3,100원) / 애플 모카빵(3,200원)
매장 취식 여부	가능

매대에 다양한 빵이 가지런히 대열을 맞춰 진열된 모습이 마치 멋진 빵 큐레이션을 보는 듯하다. 계산대에 빵 보관 팁이 적혀 있고, 끊임없이 사람들이 오가며 범상치 않은 인기를 풍기니 나도 유혹당할 수밖에.

크레존은 촉촉한 빵 속에 옥수수와 양파가 들어 있어 톡톡 씹히는 식감이 경쾌하면서 달지 않아 끝까지 부담 없이 즐길 수 있었다. 애플 모카빵은 사과잼이 들어간 모카빵이라는 점에 혹했는데, 상큼한 사과와 함께 커피의 잔향이 춤을 추며 흥겨운 맛을 선사했다. 킹왕빵은 두둑히 든 팥 앙금과 고소한 소보로가 최고로 잘 어울려, 정말 "킹 왕 빵이다!"를 외치고 싶었다. 라봉봉제과점, 킹왕짱!

1. 개띠랑이 구매한 빵
2. 애플 모카빵

100년 뒤에는 어떤 빵이
가장 인기 있을까요? 그 이유는?

경상

써니베이크샵

진심이 담긴 건강한 빵으로 마음까지 든든하게 채우네~

준비한 빵이 모두 소진되면
일찍 문을 닫을 수 있다고 해요.
베이커리와 카페 운영 시간이
다르니 참고하세요.

주소	경북 안동시 전거리2길 111
전화번호	0507-1364-0969
영업 시간	베이커리: 화~금 09:00~19:00 / 라스트오더 18:30 /
	토 09:00~13:00 / 라스트오더 12:30
	카페: 화~금 09:00~16:00 / 라스트오더 15:30 /
	토 09:00~13:00 / 라스트오더 12:30
구매한 빵과 가격	국산 단팥빵(3,000원) / 치즈빵(3,500원) / 비트 푸가스(5,300원)
매장 취식 여부	가능

프랑스와 이탈리아 전통 건강빵을 만드는 써니베이크샵은 많이보다는 당일 판매할 양
만큼 정성껏 만든다는 사장님의 철칙이 담긴 곳이다. '속이 편안하고, 맛이 담백하고, 몸
에 건강한 빵'을 만든다는 캐치프레이즈가 내 마음에도 쏙! 빵 예약도 가능해 이용하기
편리했고 매장에서 먹고 가면 따뜻하게 데워 주는 점도 좋았다.
치즈빵은 짭조름함이 거의 없이 적당히 달면서 부드러웠고, 데워 먹으니 치즈의 고소
함이 더욱 살아났다. 비트 푸가스는 향긋한 비트 향과 빵 본연의 단맛이 평화롭게 어우
러져 건강한 맛이 최고다. 국산 단팥빵은 알알이 씹히는 팥 맛이 부각되며 특히나 고급
스러운 식감을 선물한다. 건강과 맛을 모두 고려한 정직한 빵들이었다.

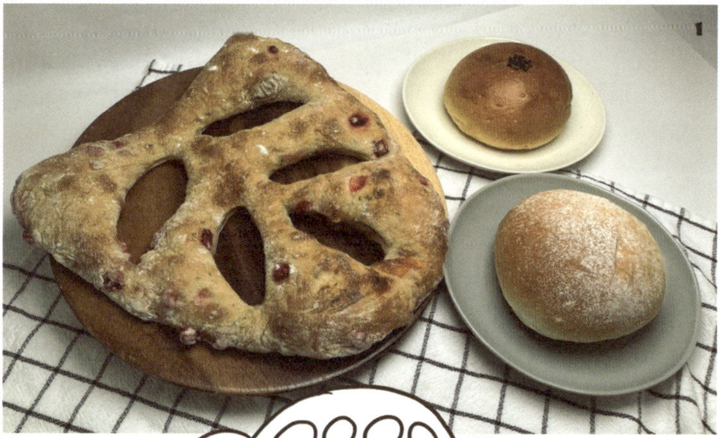

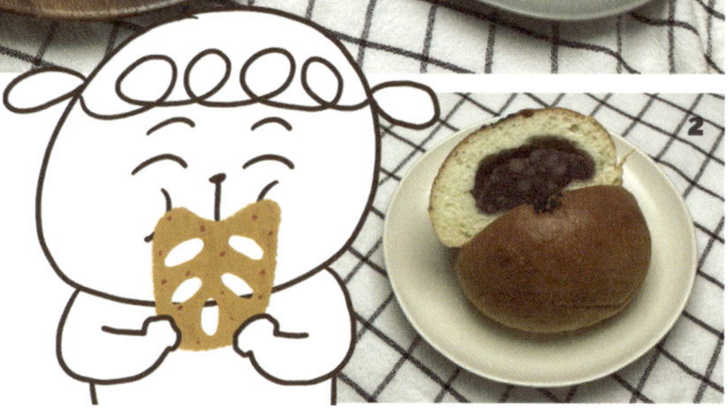

1. 개띠랑이 구매한 빵
2. 국산 단팥빵

브레드웜

빵이 하나의 요리로 완성되는 곳이네~

서비스 빵은 어떠한 대가 없이 받은 것으로,
매장 상황에 따라 제공되지 않을 수 있습니다.

주소	경남 김해시 진영읍 장등로 90
전화번호	0507-1329-7957
영업 시간	매일 08:00~21:00
구매한 빵과 가격	브레드웜 식빵(6,000원) / 가혜사랑(6,500원) / 크랜베리 치즈(3,800원)
매장 취식 여부	불가능

밤식빵으로 이미 호평이 자자한 브레드웜. 오전 9시 50분쯤 도착하자, 갓 구운 빵들이 연이어 나오고 있었다. 아쉽게도 시그니처 밤식빵은 만나지 못했지만, 그 대신 브레드 웜 식빵, 가혜사랑, 크랜베리 치즈로 아쉬운 마음을 달랬다.

브레드웜 식빵은 빵 속에 든 팥과 쫀득한 식감이 마치 다른 차원의 우유 팥빙수를 맛보는 듯했다. 크랜베리 치즈는 촉촉하고 부드러운 반죽 사이로 크림치즈, 크랜베리, 호두가 새콤달콤하게 입안을 채우며 하나의 완성품 요리를 먹는 기분이었다. 이날 운이 좋게 피자빵과 아몬드 러스크를 서비스로 받았는데, 밤식빵을 구매하지 못한 아쉬움을 달래 줄 만큼, 함께 구매한 빵들과 조합이 좋았다. 모든 빵이 이렇게 맛있으니 밤식빵이 더욱 궁금해질 수밖에!

1. 개띠랑이 구매한 빵

2. 아몬드 러스크

3. 매대에 진열된 빵

지금 눈앞에 빵과 음료가 있다면,
어떤 것부터 먼저 먹을 건가요?

메종드콘

오래 기억될 맛으로 추억이 한아름 쌓이네~

서비스 빵은 어떠한 대가 없이 받은 것으로,
매장 상황에 따라 제공되지 않을 수 있습니다.

제가 방문한 곳은
영도 남항점이고, 같은 부산에
뷰커피점도 있어요.
커피를 비롯한 음료도 판매하며,
포인트 적립이 가능해요.

주소	부산 영도구 절영로35번길 46 부백자연애 아파트 1층
전화번호	051-413-5282
영업 시간	매일 07:00~23:00
구매한 빵과 가격	밤 큐브(4,500원) / 모카 소금빵(3,800원) / 파이 토르테(5,300원)
매장 취식 여부	가능

먼저 온 손님들이 여기 진짜 맛있다며 빵을 고르는 모습을 보고, 나도 눈을 반짝였다. 매장 곳곳에 보이는 상장과 메달에 신뢰감이 높아진다.

밤 큐브는 몽블랑과 퀸 아망을 동시에 연상시키는 페이스트리 속에 달콤한 밤이 콕콕 박혀 있어, 촉촉하고 포근한 식감과 함께 기분 좋은 단맛이 인상적이다. 파이 토르테는 겉은 롤케이크처럼 연하고, 속은 층층이 쌓인 초코케이크 모양이어서 보는 재미까지 있네! 게다가 입안에서 부드럽게 녹는 식감과 고소하게 씹히는 아몬드의 장단이 무척 잘 맞는데? 친절한 사장님께서 서비스로 소보로빵까지 주셔서 빵 먹으러 부산에 온 보람도 더욱 커진다. 개띠랑은 오늘도 빵과 함께라 행복해요.

1. 매대에 진열된 빵
2. 개띠랑이 구매한 빵

나에게 '첫사랑 같은 빵'이 있다면, 어떤 빵인가요?

초량온당

다음 방문을 절로 기약하게 되는 곳이네~

판매하는 빵의 특성상,
여름에는 담아 갈 보랭 백을
판매해요.

주소	부산 동구 초량중로 135
전화번호	0507-1318-1271
영업 시간	화~토 12:00~19:00 / 격주 화요일 휴무
구매한 빵과 가격	나는쑥이다 맘모롱(5,000원) / 피스타로 맘모롱(5,500원) / 소보로 팥 크치빵(4,100원)
매장 취식 여부	불가능

낮 12시가 오픈인 초량온당. 평일 12시 30분에 도착했지만, 이미 대기가 무려 59팀이라니. 기다리면서 인상적인 장면을 보게 됐는데, 바로 한 손님이 빵집을 나오자마자 빵을 먹고 감탄하는 모습! 그 손님의 손에 들려 있는 빵은 피스타로 맘모롱이었는데, 속으로 저 빵은 꼭 사야겠다고 생각했다. 1시간 뒤 입장한 가게 안에는 다채로운 빵들과 함께 냉장고에 맘모롱들이 화려하게 줄지어 있었다.

웨이팅 때부터 마음을 들썩였던 피스타로 맘모롱은 떠 먹는 푸딩 같은 식감에 고소한 피스타치오가 최고의 맛 조화를 이루었고, 튼실하게 들어간 재료에 보기만 해도 흡족했다. 나는쑥이다 맘모롱은 부담스럽지 않게 진한 쑥의 잔향에 팥, 밤, 크럼블까지 더해져 씹는 재미가 남다르다. 다른 맛들도 궁금해져, 다시 찾고 싶다는 생각이 절로 들었던 빵집 이 정도이 맛이라면 1시간의 웨이팅도 즐겁겠는걸!

1. 개띠랑이 구매한 빵
2. 매대에 진열된 빵

꽁띠꽁띠뉴

입에 착 달라붙는 빵들이 흥미롭고 감미롭네~

주소	부산 해운대구 센텀중앙로 145 상가3동 112, 114호
전화번호	0507-1389-0248
영업 시간	월 10:00~18:00 / 화~토 08:00~20:00
구매한 빵과 가격	소금 꽁띠(5,500원) / 썬드라이드 토마토 꽁띠(5,500원) / 트리플 치아바타(3,500원)
매장 취식 여부	불가능

계산을 마치니, 직원분께서 빵을 오래 맛있게 즐길 수 있도록 보관 팁을 알려 주셨다. 냉동 후 에어프라이어 170도 3분! 오래 맛있게 즐길 수 있는 팁이라니, 더 귀 기울여야지.

썬드라이드 토마토 꽁띠는 진한 토마토 맛이 감동적이다. 마치 플레인 바게트를 토마토 수프에 찍어 먹는 듯한 신선한 느낌! 트리플 치아바타는 폭신폭신한 빵 속에 치즈가 녹아들어 빵과 치즈의 고소함이 입에 착 달라붙는다. 특히 직사각형 치즈가 겉에 붙어 있어 얼핏 반창고로도 느껴진다. 아픈 마음까지 따뜻하게 감싸 줄 것 같은 빵이다.

1. 쇼케이스에 진열된 빵
2. 개띠랑이 구매한 빵
3. 썬드라이드 토마토 꽁띠

럭키베이커리

빵 하나하나가 특별한 한 끼를 선물하는 베이커리네~

서비스 빵은 어떠한 대가 없이 받은 것으로,
매장 상황에 따라 제공되지 않을 수 있습니다.

제가 찾아간 곳은 포장 전문의
럭키베이커리 본점이에요.
같은 부산 안에 매일 영업하는
2호점 데일리럭키도 있어요.

주소	부산 수영구 무학로49번길 71
전화번호	0507-1352-6898
영업 시간	토~일 10:30~16:30 / 사정에 따라 영업 시간이 변동되기도 하니 당일 오픈 여부는 인스타그램에서 확인
구매한 빵과 가격	마성의 너트 듬뿍 브라우니(3,800원) / 버섯 체다 포카치아(7,500원) / 맵치즈 치아바타(5,800원)
매장 취식 여부	불가능

럭키베이커리는 2022년 광안종합시장에서 열린 선데이모닝마켓을 통해 알게 되었다. 그때 광안리 해변에서 바다를 바라보며 이곳의 카프레제 오픈샌드를 먹었던 순간이 아직도 생생한데. 그만큼 내적 친밀감이 컸던 곳이기에 더 반가웠다.

이번에 구매한 빵들 역시 촉촉하면서 풍미가 한껏 살아 있었다. 마성의 너트 듬뿍 브라우니부터 버섯 체다 포카치아, 맵치즈 치아바타까지 빵마다 본연의 맛에 충실하고 든든해 하나하나가 특별한 한 끼 같은 기분. 게다가 서비스 빵까지 주셔서 더 기분이 업되고 새로운 추억의 마일리지를 쌓는다. 이곳을 방문하는 자체가 럭키! 다음에는 빵집에서 추천하는 맛 조합 세트도 도전해 보고 싶다.

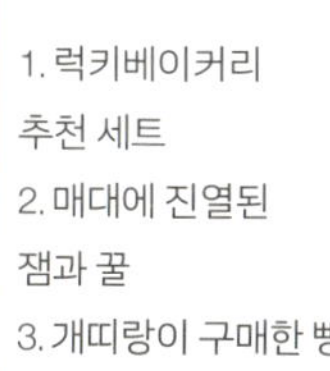

1. 럭키베이커리
추천 세트
2. 매대에 진열된
잼과 꿀
3. 개띠랑이 구매한 빵

맛있는 빵을 먹을 때,
어떤 BGM이 흐르면 좋을 것 같나요?

오브너스

크루아상으로 부산 여행의 설렘을 빛내 주는 곳이네~

주차는 가게 앞이나
공영 주차장을 이용할 수 있어요.

주소	부산 수영구 광안해변로 364-9 1층, 2층
전화번호	051-755-2244
영업 시간	매일 10:00~22:50 / 라스트오더 22:35
구매한 빵과 가격	소시지 크루아상(4,500원) / 카야 크루아상(4,500원) / 아몬드 크루아상(4,500원)
매장 취식 여부	가능

3년 전, 부산역에 도착하자마자 이곳에서 카야 크루아상과 아메리카노로 여행의 설렘을 시작한 추억이 있다. 바삭한 정통 크루아상에 달콤한 카야잼이 더해져 커피와 완벽한 조화를 이루며 여행을 빛내 주었던 곳. 그때의 기억이 떠올라서인지 이번에도 자연스럽게 크루아상에 손이 간다.

소시지 크루아상은 뽀득한 소시지와 부드러운 페이스트리의 결, 할라페뇨와 레드페퍼의 매콤달콤 짭조름함이 환상 궁합으로 엄지를 올릴 수밖에 없었다. 카야 크루아상은 카야잼에서 느껴지는 감동적인 맛이 예전과 변함없이 훌륭했고, 아몬드 크루아상은 아몬드의 바삭함이 두드러지며 씹을수록 고소함이 배가됐다. 자리에 앉아서 바로 먹으니 커피와 빵의 조합이 더욱 빛나는걸? 부산 바다와 광안대교를 보며 여유롭게 빵을 즐기기 안성맞춤인 곳이다.

1. 매대에 진열된 빵
2. 개띠랑이 구매한 빵

시민제과

75년 전통 포항의 맛이 오롯이 담겨 있네~

주소	경북 포항시 북구 불종로 48
전화번호	0507-1302-2330
영업 시간	매일 09:00~22:00
구매한 빵과 가격	연유 바게트(5,500원) / 정구지 팡(2,700원) / 찹쌀떡 도넛(2,800원) / 오코노미 핫도그(4,800원)
매장 취식 여부	가능

포항에 생긴 첫 제과점이라는 이곳은 오랜 세월 포항 시민들의 추억을 함께해 온 곳답게, 많은 분이 빵을 한가득 담아 가는 풍경을 볼 수 있다. 기본 빵부터 특색 있는 빵까지 다채로워 구경하는 재미도 쏠쏠하다.

빵과 떡을 모두 좋아하는 이들에게 딱 맞는 찹쌀떡 도넛은 말랑한 빵과 시민제과의 대표 메뉴인 찹쌀떡이 만나 호불호 없이 오래도록 사랑받을 맛이었다. 오코노미 핫도그는 보스턴 소시지와 양배추, 볶음밥의 풍미가 섞여 하나의 퓨전 요리를 맛보는 기분이었다. 정구지 팡은 신선한 부추가 채소와 으깬 계란, 햄과 어우러져 식감이 좋고 든든하다. 긴 시간 자리를 지켜 온 가게에는 다 이유가 있는 법. 앞으로 더 오래오래 사랑받기를.

3. 매대에 진열된 빵

1. 매대에 진열된 빵
2. 개띠랑이 구매한 빵

브릴랑블랑

맛있는 빵들로 무장한 현지 맛집이네~

주소	경북 포항시 남구 효성로 18 포산빌딩 103호
전화번호	054-285-0310
영업 시간	월~토 08:00~22:00
구매한 빵과 가격	밀크 브레드(3,500원) / 반미 샌드위치(4,500원) / 치즈고구마 파이(3,800원)
매장 취식 여부	불가능

여름 볕 아래에서 녹을 듯 걸어가던 중, 달콤한 빵 냄새에 잠시 멈춰 섰다. 빵순이 본능이 또 깨어나며 반사적으로 빵집 문을 열어 본다.

반미 샌드위치는 살짝 익은 토마토의 달콤함과 신선한 재료들의 균형이 완벽했는데, 시간이 꽤 지나서 먹었는데도 빵이 눅눅하지 않고 바삭했다. 고급스러운 엄마손파이가 생각나는 치즈고구마 파이는 파삭한 결 사이로 은은한 고구마 맛이 으뜸이었고, 밀크 브레드는 달콤한 우유에 적신 듯 부드러운 식감으로 내내 기분 좋게 먹을 수 있었다. 포항 숨은 맛집으로 발도장 꾹 찍고 갑니다!

1. 반미 샌드위치

2. 개띠랑이 구매한 빵

3. 매대에 진열된 빵

빵집을 나서면서 '아, 내가 방금 산 건 빵이 아니라
행복이었다'고 느낀 적이 있나요?

탑빵

경주의 역사를 담은 따뜻한 빵이 가득하네~

주소	경북 경주시 첨성로73번길 9-1 1층
전화번호	0507-1469-1711
영업 시간	월, 화, 목 15:00~19:00 / 금 15:00~19:30 / 토 12:00~19:30 / 일 12:00~19:00
구매한 빵과 가격	첨성대빵(4,000원) / 천마빵(4,000원) / 다보탑빵(4,000원)
매장 취식 여부	불가능

탑빵은 이름부터 경주의 이야기를 품고 있다. 주문 즉시 구워지는 빵을 기다리며 사장님께 "왜 탑빵인가요?" 하고 물어보자, "경주 문화재를 널리 알리고 싶어 탑 모양 틀을 만들었어요"라며 진심과 열정을 담아 답해 주셨다. 경주 여행 코스까지 추천받으며, 빵을 기다리는 시간까지 풍성해진다.

몇 분 뒤 나온 첨성대빵은 바삭한 겉과 촉촉한 속이 대비되는 동시에 알알이 터지는 블루베리의 달콤함이 입안을 가득 채웠고, 천마빵은 치즈가 빵을 감싸 포근하면서 톡톡 터지는 옥수수가 씹는 재미를 더한다. 다보탑빵은 새콤달콤한 파인애플 필링이 풍부하게 퍼지며, 집에서 정성껏 구운 듯한 건강한 단맛이 오래도록 남았다. 맛과 전통을 두루 담은 각별한 빵집이자 경주의 문화재를 머금어 존재 자체만으로 귀중한 곳이 아닐까.

1. 개띠랑이 구매한 빵
2. 탑빵 외관

외국 친구에게 한국 빵의 매력을 소개한다면,
뭐라고 말해 줄 건가요?

월정제과

고즈넉한 분위기와 맛스러운 빵의 조화로 마음까지 평화로워지는 곳이네~

주소	경북 경주시 봉황로 47-6 1층
전화번호	054-776-0222
영업 시간	매일 11:00~19:00 / 휴무는 인스타그램으로 별도 공지
구매한 빵과 가격	밤 에그타르트(5,000원) / 사과 파이(3,500원) / 까눌레 보르도(2,800원) / 치즈 감자빵(2,500원) / 밀푀유(7,000원)
매장 취식 여부	가능

120년 된 고택을 개조한 이 빵집은, 고즈넉한 분위기와 잔잔한 음악 덕분에 편안한 마음으로 빵을 골랐다. 쇼케이스에 진열된 밀푀유를 보고 '저건 여기서 커피랑 먹고 가야 해!'라고 자동적으로 생각하며 아늑한 실내에 착석.

먹기 아까울 만큼 예쁜 밀푀유는 라즈베리의 달콤함, 시원함, 상큼함이 돋보이며 역시나 아메리카노와 환상 조합이었다. 밤 에그타르트는 몽블랑처럼 달짝지근하면서 부드러웠고, 큼직한 밤이 그대로 씹혀 풍미가 흘러넘쳤다. 사과 파이는 진한 시나몬 향과 달콤한 사과조림의 밸런스가 매우 좋다. 이토록 낭만 있고 맛있는 빵집이라니, 소중한 사람들과 다시 찾아 다정한 대화를 나누고 싶어진다.

1. 밀푀유
2. 월정제과 외관
3. 개띠랑이 구매한 빵

오지파이

파이 한 조각과 울산의 만남이 감동을 자아내네~

온라인으로 주문 및 발송도
가능해요.

주소	울산 중구 신기1길 57 1층
전화번호	0507-1344-1556
영업 시간	화~일 11:00~19:00 / 라스트오더 18:55
구매한 빵과 가격	오지 파이(6,500원) / 크림 파이(6,500원) / 맥앤치즈 파이 (6,500원) / 티카 파이(6,500원)
매장 취식 여부	불가능

오지파이는 호주식 파이 전문점으로, 파이를 디저트가 아닌 식사 메뉴로 소개하면서 탄산이나 맥주와 함께 먹으면 어울린다고 안내한다. 그렇다면 그렇게 먹어 봐야지! 함께 마실 맥주도 벌써 구매 완료다.

크림 파이는 마치 한 접시 요리를 먹는 듯 깊고 담백한 풍미에, 속 재료가 밀도감 있게 들어 있어 든든했다. 맥앤치즈 파이는 마카로니, 베이컨, 옥수수에 매콤한 소스가 더해져 시원한 맥주와 정말 잘 어울린다. 오지 파이는 호주식 미트 파이로, 소고기, 감자, 치즈, 버섯이 토마토 스튜와 어우러져 단연 매력이 넘쳤다. 다양한 파이를 한자리에서 맛볼 수 있고, 한 끼 식사로 간편하게 즐길 수 있는 맛집 발견. 오늘부터 나에게 울산은 파이의 진가를 알려 준 맛의 고향이다.

1. 개띠랑이 구매한 파이
2. 매대에 진열된 파이

카페샘성

기다림 끝에 만나는 빵들로 기분까지 황홀해지네~

커피 및 음료도
판매하고 있어요.

주소	경남 남해군 삼동면 죽방로 24
전화번호	010-9182-1856
영업 시간	수~일 11:00~18:00 / 라스트오더 17:30
구매한 빵과 가격	크림 크루아상(5,000원) / 커스터드 페이스트리(4,500원) / 남해 유자 페이스트리(4,500원)
매장 취식 여부	가능

오픈 전부터 사람들이 줄지어 있는 인기 빵집인 카페샘성. 가게 앞은 차량과 손님들로 문전성시를 이루었고, 문이 열리자 사람들은 차례차례 입장해 각자 원하는 빵을 고른다.

매장에서 바로 맛본 크림 크루아상은 바삭한 크루아상의 결 사이로 퍼지는 촉촉하고 시원한 크림이 입안을 가득 채워 순식간에 얼굴에 생기가 돌게 만들었다. 특히 따뜻한 카페라테와 함께 먹으니, 커피와 크림이 섞여 그야말로 황홀한 미감을 선사했다. 남해 유자 페이스트리는 소보로의 바삭함과 꾸덕한 유자청 필링이 어울려 상큼 달콤 즐기기 딱이다. 커스터드 페이스트리는 파삭한 빵과 몽글한 크림이 마치 달고나를 연상시키는 맛이랄까. 바다가 보이는 뷰로 남해의 감성까지 담뿍 채울 수 있는 곳이다.

1. 개띠랑이 구매한 빵

2. 크림 크루아상
3. 카페샘성 실내

'이 빵 하나만 있다면 무인도에서도 행복할 거야!'라고
생각한 빵이 있나요?

행복베이커리

남해 특산물로 빚어 낸 빵들이 반짝반짝 빛이 나네~

주소	경남 남해군 남해읍 화전로 93 1층
전화번호	055-864-8249
영업 시간	수~월 06:30~19:00
구매한 빵과 가격	유자 쌀 만주 세트(10,000원) / 블루베리 롤빵(4,000원) / 유자 카스텔라(2,000원) / 시금치 비스킷 슈(1,500원)
매장 취식 여부	불가능

매장에 들어서자 사장님께서 환한 미소로 "저희 매장 이용해 보신 적 있으신가요?"
라는 인사말과 함께 시금치, 유자, 단호박, 블루베리 등 남해의 특산물로 만든 빵들을
하나하나 정성스럽게 소개해 주셨다. 이것저것 시식을 권해 주시는 모습, 지역의 개성
을 담은 빵들로 호기심이 일었다.

시금치 비스킷 슈는 한 입 베어 무는 순간 입안에서 눈 녹듯이 녹아 내리는 식감과 시
금치 크림의 풍미가 이색적이다. 유자 쌀 만주는 입에 넣자마자 빵이 포슬포슬 부드럽
게 풀어지면서 은근한 유자 향이 퍼져 상큼함을 전한다. 블루베리 롤빵은 알알이 씹히
는 진한 과즙이 일품으로, 씹을수록 빵과 잘 어우러지며 오래 기억될 맛. 이곳에서 남
해의 향기로 빛나는 빵을 만끽하기를 권한다.

1. 개띠랑이 구매한 빵
2. 매대에 진열된 빵

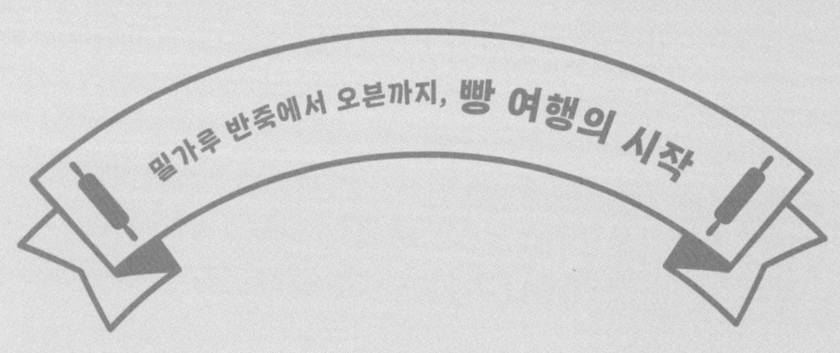

빵 먹는 걸 워낙 좋아하다 보니, 어느 날 문득 이런 생각이 들었다. "내가 이렇게 맛있게 먹는 빵은 어떻게 만들어질까?" 그동안 단순히 밀가루 반죽을 굽는 것만 알고 있었지만, 사실 빵이 완성되기까지는 여러 단계가 필요했다.

빵의 출발점은 재료다. 기본적으로는 밀가루, 물, 소금이 핵심이고, 빵 종류에 따라 버터, 설탕, 달걀 같은 재료가 첨가되기도 한다. 여기에 빵을 부풀게 해 주는 이스트나 천연 발효종이 들어가면 풍미와 식감이 달라진다. 예를 들어 크루아상은 버터를 많이 넣어 바삭한 결을 살리고, 치아바타는 수분을 많이 넣어 속을 촉촉하고 쫄깃하게 만드는 것. 같은 밀가루라도 들어가는 재료와 배합에 따라 전혀 다른 빵이 된다.

재료가 준비되면 반죽 단계다. 밀가루와 물이 섞이면 글루텐이 형성되어 빵의 뼈대가 완성된다. 이때 반죽이 매끄럽게 될수록 빵은 탄탄한 힘을 가지게 된다. 이어 1차 발효가 시작되는데, 이스트나 발효종이 반죽 속에서 활동하며 빵을 부풀린다. 단순히 부피만 커지는 것이 아니라 풍미와 향까지 만들어지는 과정이라고 할까.

발효가 끝나면 반죽을 나누고 모양을 잡는 성형 과정이 이어진다. 둥글게 빚느냐, 길쭉하게 늘리느냐, 겹겹이 접어 올리느냐에 따라 빵의 식감이 달라진다. 성형은 빵의 얼굴을 만들고, 씹는 맛을 결정하는 중요한 단계다. 성형된 반죽은 2차 발효에서 마지막 숨을 고르듯 조금 더 부드러워지고, 오븐에서 구웠을 때 가장 맛있는 상태가 된다.

마지막은 굽기다. 오븐 속에서 반죽이 부풀어 오르고, 황금빛 껍질을 입으며 고소한 향이 퍼진다. 아마 빵을 좋아하는 사람들이 가장 행복해지는 순간이 아닐까 싶기도.

이처럼 여러 단계를 거쳐서 우리가 집어 드는 빵 한 조각이 완성된다. 단순히 밀가루와 물이 아닌, 발효의 시간, 정성 어린 손길, 기다림이 모여 만들어 낸 결과물이다. 제빵사분들의 이러한 정성과 노고 덕분에 우리는 행복을 담은 한 조각을 마음껏 즐길 수 있다. 오늘도 감사히 잘 먹겠습니다!

6

전라

69

라스트쿠프

빵과 함께하는 멋진 한 장면이 완성되는 곳이네~

매주 수요일을 제외한 휴일은
월별로 인스타그램에 따로
공지되고 있어요.

주소	전북 전주시 완산구 충경로 22 1층
전화번호	0507-1441-8580
영업 시간	월, 화, 목, 금, 토, 일 11:00~19:00
구매한 빵과 가격	찹쌀 콩 캄파뉴(5,500원) / 시나몬 롤(3,000원) / 트러플 감자 포카치아(5,000원)
매장 취식 여부	가능

'마지막'을 뜻하는 영어 단어 라스트(Last)와 '자르다'는 의미를 가진 프랑스어 쿠프(Coupe)를 합친 라스트쿠프. 이곳에는 도착하자마자 찾는 빵이 있었다. 그것은 바로 시그니처 메뉴인 시나몬 롤! 10분 뒤에 나온다기에 잠시 기다리는 동안 한 프랑스인 손님이 크루아상, 뺑 오 쇼콜라, 소금빵을 고르는 걸 보며 잠시 파리에 온 듯한 기분을 즐겼다.

드디어 만난 갓 구운 시나몬 롤은 달콤 짭조름함을 메인으로 촉촉한 속과 바삭한 밑바닥이 입안을 기분 좋게 채우며 중독성 강한 맛을 자랑했다. 그래, 이 맛을 기다렸어! 찹쌀 콩 캄파뉴는 떡 같은 식감과 완두콩, 강낭콩, 병아리콩의 건강한 단맛이 질리지 않고 오래 먹을 수 있는 빵이었고, 트러플 감자 포카치아는 은은한 트러플 향과 버섯, 올리브, 감자, 치즈가 층층이 어우러지면서 담백한 끝맛을 남겼다. 맛 좋은 빵들과 함께 프랑스에 온 듯 멋진 장면으로 기억될 곳이다.

1. 개띠랑이 구매한 빵
2. 매대에 진열된 빵

내가 빵 홍보대사가 된다면,
어떤 빵을 가장 열심히 홍보하고 싶나요?

낸시베이크샵

놀이공원처럼 설레는 빵들을 만날 수 있는 곳이네~

웨이팅 어플 또는 현장에서
가게 오픈 전인 오전 10시부터
등록 가능해요. 번호 한 개당
한 명만 입장할 수 있답니다.
대기 예약을 하지 않을 시,
모든 예약 손님이 입장한 후
들어갈 수 있어요.

주소	전북 전주시 덕진구 가리내10길 8-5 1층
전화번호	010-9765-5936
영업 시간	목~일 11:00~16:00
구매한 빵과 가격	달콩빵(4,000원) / 무화과 크림치즈 캄파뉴(5,500원) / 피스타치오 둥이(2,800원) / 망고베리 생크림 식빵(5,000원) / 단호박 크림치즈 캄파뉴(4,300원) / 소금 초콩볼(5,500원)
매장 취식 여부	불가능

기다림조차 설레는 빵집이다. 사전에 대기 등록을 해 놓은 손님들은 각자 번호가 가까워지자 가게 앞에 줄을 섰다. 포장된 빵을 골라 담는 방식이라, 생각보다 오래 기다리지 않고 빠르게 구매할 수 있었다.

무화과 크림치즈 캄파뉴는 톡톡 터지는 무화과의 식감과 크림치즈의 새콤한 맛이 매력적이었다. 피스타치오 둥이는 진한 피스타치오 크림이 듬뿍 들어 있어 한 입 먹을 때마다 즐거움이 흘러넘친다. 단호박 크림치즈 캄파뉴는 아낌 없이 꽉 들어 찬 단호박과 크림치즈의 조화에 더 사지 않은 걸 후회할 정도로 반하게 되는 맛이고. 그야말로 모든 빵들이 롤러코스터를 타듯 흥미진진한 매력을 지닌 빵집. 이곳의 사진을 친구에게 보여 줬더니, 이미 자신의 빵지순례 1호점으로 찜해 둔 곳이라니 말 다한 거 아닌가.

1. 개띠랑이 구매한 빵
2. 매대에 진열된 빵

목월빵집

건강한 빵들로 구례의 맛을 담아 낸 귀한 빵집이네~

주소	전남 구례군 구례읍 서시천로 85
전화번호	0507-1400-1477
영업 시간	매일 10:00~18:00 /
	토~일 브레이크타임 12:30~13:30, 15:00~15:30
구매한 빵과 가격	아부지 흑밀 100%(12,000원) / 메밀 누룽지빵(5,000원) /
	구례 두부 긴 빵(5,000원)
매장 취식 여부	가능

보라색 외관이 멀리서부터 눈길을 끈다. 가게에 들어서기 전, 귀여운 "빵! 빵!" 클랙슨 소리가 나를 반기는 듯해 미소가 지어지는군. 목월빵집은 구례 특산물을 활용한 빵들이 가득해 지역의 맛과 스토리를 빵으로 만나는 재미가 있다. 빵을 고르는 동안 직원분들이 친절하게 설명해 주어 선택하기도 수월했다.

메밀 누룽지빵은 쫄깃하면서도 현미처럼 거친 식감이 살아 있었고, 구수한 누룽지 맛이 진하게 전해졌다. 구례 두부 긴 빵은 마치 두부과자를 빵으로 만든 듯 독특한데, 오독오독 씹히는 고소한 검은깨가 두부 맛과 자연스럽게 어우러지며 참신한 경험이 되었다. 아부지 흑밀 100%는 약간 짭짤하면서도 통밀 100%라는 이름처럼 오래 씹을수록 깊게 배어 나오는 밀 본연의 담백함이 인상적이다. 먹고 나면 속이 편하고 든든해지는 빵이 많아 마음까지 배가 불렀다.

1. 목월빵집 외관
2. 개띠랑이 구매한 빵

평생 나와 함께할 '반려빵'을 하나 골라 볼까요?

파파드림브레드

풍부한 재료들이 사이좋게 어우러지며 시너지를 만드네~

온라인으로 주문 및 택배가 가능해요. 온라인 스토어에서 매주 일요일과 월요일 18시에 오픈되어 한정 수량으로 판매한다고 하니 참고하세요.

주소	광주 북구 복룡길 20-17 1층
전화번호	0507-1351-0962
영업 시간	화~토 11:00~19:00
구매한 빵과 가격	데이츠 버터넛(7,300원) / 토마토 바질치즈(6,800원) / 바닐라 밤잼 버터 바게트(7,800원)
매장 취식 여부	불가능

이곳에서는 치아바타와 사워도우를 활용한 다양한 빵들을 만날 수 있다. 또 구매한 빵을 먹기 좋은 크기로 잘라 주는 세심함으로, 어디에서나 간편하게 맛볼 수 있기도 하고.

바닐라 밤잼 버터 바게트는 버터와 밤의 조합이 앙버터와는 또 다른 느낌이었는데, 수제 바닐라 밤잼의 고소하고 담백한 풍미가 빵에 부드럽게 녹아 있어 절묘한 매력을 발산했다. 여기에, 사장님이 알려 주신 대로 살짝 얼려서도 먹어 보니 깔끔하고 상큼하게 음미할 수 있었다. 데이츠 버터넛은 빵 자체의 맛이 상당히 깊은데, 견과류와 크랜베리가 듬뿍 들어가 아몬드 강정을 떠올리게 하는 식감을 자랑한다. 특히 고소함, 담백함, 달콤함이 평화롭게 어우러져 커피와 함께하니 더 빛나는 맛이었다는 것. 반죽과 재료가 만드는 시너지가 엄청난 파파드림브레드디.

1. 매대에 진열된 빵
2. 개띠랑이 구매한 빵

씨엘비베이커리

감탄을 불러오는 빵들로 손님의 발길이 끊이지 않네~

주소	전남 목포시 영산로75번길 14 1층
전화번호	061-242-2161
영업 시간	매일 08:00~21:00
구매한 빵과 가격	새우 바게트(6,000원) / 크림치즈 바게트(6,000원) / 크림치즈 찰빵(4,300원)
매장 취식 여부	가능

입맛이 도는 훈훈한 빵 냄새로 가득하고 손님들의 발길이 끊이지 않는 씨엘비베이커리. 갖은 빵이 매대에 빼곡히 진열돼 있고, 대표 메뉴인 새우 바게트와 크림치즈 바게트는 계산대 앞에서 주문하면 따로 받아 볼 수 있다. 매장 한쪽에는 편안한 카페 공간도 마련되어 있어, 갓 구운 빵과 음료를 함께 즐기기 안성맞춤. 그야말로 빵과 목포를 한 번에 즐기기 좋은 곳이다.

크림치즈 찰빵은 쫀득한 식감이 돋보이면서, 겉을 감싼 달콤한 코팅이 입안을 가득 채우며 흐뭇함을 남겼다. 새우 바게트는 머스터드 향과 새우의 바다 내음이 어우러져 한 입마다 강렬한 존재감을 드러낸다. 더욱이 짭조름하면서도 은근히 달콤한 소스가 더해져 세련된 맛을 완성하는데! 크림치즈 바게트는 바게트 속에 끼리 크림치즈가 담뿍 들어가, 멈출 수 없이 계속 손이 가는 맛이다. 니 목포 시랑하는구나.

1. 개띠랑이 구매한 빵
2. 매대에 진열된 빵

내 이름을 딴 'OO빵'을 만든다면, 어떤 맛일까요?

박태민과자점

과거와 현재가 교차하는 빵으로 추억이 방울방울 떠오르네~

주소	전남 목포시 원산중앙로 7 진프라자 1층
전화번호	061-279-5024
영업 시간	매일 09:00~22:00 / 라스트오더 21:30
구매한 빵과 가격	오이 바게트(5,500원) / 소금빵(2,300원) / 치즈 고로케(3,500원)
매장 취식 여부	불가능

빵집에 들어서자 돌 오븐에 구웠다고 쓰인 소금빵 안내문이 눈에 띈다. 돌 오븐이라니? 궁금해하며 소금빵 두 개를 집었고, 그 밖에도 멋진 자태를 뽐내는 빵들을 즐겁게 구경하며 쟁반에 담는다.

소금빵은 겉바속촉의 전형으로, 돌 오븐에 구워서인지 색다르게 단맛과 짭짤함이 솔솔 풍겨와 새로운 소금빵의 면모가 잘 느껴졌다. 치즈 고로케는 햄, 치즈, 옥수수콘, 양파 등 속 재료가 밀도 있게 들어 있어, 한 입 삼키자 마치 두툼한 돈가스를 먹은 것 같았다. 눈을 감으며 음미하자 어린 시절 빵집에서 아빠에게 고로케를 사 달라고 졸랐던 추억이 새록새록 떠오르는 건 왜일까? 마무리로는 산뜻한 맛을 예상하며 선택한 오이 바게트! 역시나 싱싱한 오이 향과 상큼한 식감이 입가심으로 딱 좋은 빵이다.

1~2. 매대에 진열된 빵
3. 개띠랑이 구매한 빵

전라

명문제과

행복을 채우는 빵들이 마음 깊은 곳까지 스며드네~

주소	전북 남원시 용성로 56
전화번호	063-632-0933
영업 시간	화~일 10:00~빵 소진 시 마감
구매한 빵과 가격	생크림 슈보르(2,500원) / 꿀 아몬드(2,500원) /
	수제 햄빵(3,500원) / 팥빵(1,500원)
매장 취식 여부	불가능

남원에서 이미 관광지처럼 유명한 명문제과. 오픈 시간이 다가오자 한적하던 거리가 사람들로 북적이기 시작했고, 빵집 앞에 길게 줄이 생기는 신기한 광경을 목격! 매장 입장은 7명씩 인원을 제한했으며, 대표 메뉴인 생크림 슈보르는 구매 개수를 말하면 그 자리에서 신선한 크림을 채워 주는 방식이었다.

구매한 생크림 슈보르는 바삭한 겉면과 부드러운 크림이 환상적으로 만나 한 차원 높은 베이비슈를 떠올리게 했고, 은은하게 번지는 아몬드 향 덕분에 맛이 한층 더 풍성했다. 꿀 아몬드는 꿀이 빵에 고루 스며들어 촉촉하고 달짝지근하면서도 아몬드의 고소함과 매우 잘 어울린다. 더욱이, 빵 속에 들어 있는 부드러운 소가 풍미를 한층 업그레이드시킨다는 것. 팥빵은 찐빵 같은 보드라운 빵에 단팥이 더해져, 우유와 함께 먹으면 찰떡궁합일 듯한 근본 빵이다. 남원에서 '돈쭐' 내 주고 싶은 맛집 명수 맞네.

1. 개띠랑이 구매한 빵
2. 매대에 진열된 빵

뛰뛰빵빵제빵소

높은 퀄리티로 건강한 한 끼를 완성하는 기분이네~

주소	전남 여수시 예울마루로 35-42
전화번호	061-682-7130
영업 시간	수~일 10:00~17:00
구매한 빵과 가격	슈크림 뺑 오(4,800원) / 마늘 크림치즈 프레즐(4,800원) / 불고기 치아바타(4,800원) / 구운 에그 고로케(3,500원)
매장 취식 여부	불가능

늦으면 원하는 빵을 놓칠 수 있다는 이야기에 서둘러 빵집을 찾았다. 운 좋게 가장 먼저 줄을 서게 된 개띠랑! 기다리는 동안 솔솔 퍼지는 빵 냄새가 마음을 간질인다. 게다가 방부제와 개량제, 쇼트닝, 화학첨가물 등이 전혀 들어가지 않은 건강한 빵이라니 더욱 기대되는걸!

슈크림 뺑 오는 이름만 들었을 때 초콜릿이 메인인 줄 알았지만, 실제로 맛보니 슈크림이 한가득 들어간 달콤하고 바삭한 빵이었다. 차갑게 먹으니 더 상큼하고 좋구나! 마늘 크림치즈 프레츨은 약간 달고 짭조름한 마늘 소스와 부드러운 크림치즈, 프레츨의 쫀득한 식감이 더해지면서 신선한 느낌을 받았고, 이 조합에 빵이 눅눅하지 않아 놀랐다. 불고기 치아바타는 치즈와 불고기 양념, 파가 쫀득한 빵 속에서 함께 어우러져 고급스러운 피자 맛을 냈는데, 식사 대용으로도 좋을 듯! 여수 밤바다도 좋지만, 이곳에서 여수 빵바다를 즐겨 보는 건 어떠신가요?

1. 매대에 진열된 빵
2. 개띠랑이 구매한 빵

코롬방제과점

알록달록 다채로운 비주얼만으로도 마음이 빵빵해지는 곳이네~

주소	전남 목포시 영산로75번길 7
전화번호	061-244-0885
영업 시간	매일 08:00~21:00
구매한 빵과 가격	새우 바게트(6,000원) / 크림치즈 바게트(6,000원) / 생크림빵(2,500원)
매장 취식 여부	가능

코롬방제과점은 매대에 알록달록 펼쳐진 빵들을 보는 것만으로도 즐겁다. 하지만 맛을 봐야 진짜 즐거움이지! 바게트로 명성이 높은 곳이기에 바게트 두 종류와 함께, 키위와 귤 등 생과일이 보석처럼 박힌 생크림빵도 계산대에 올린다.

생크림빵은 가벼운 빵 속에 부드러운 크림과 신선한 과일이 더해져, 포크 없이 달콤한 생크림 케이크를 즐기는 기분이었다. 새우 바게트는 은근히 퍼지는 새우 향과 이곳만의 특제 소스가 어우러져 감칠맛이 강하다. 크림치즈 바게트는 부드럽고 맛스러워 보이는 치즈가 가득 들어간 모양부터 합격이었는데, 달지 않으면서 정말 고소했고 담백하게 입안을 정리해 주는 깔끔함까지 겸비한 재주꾼이랄까? 보는 재미, 먹는 재미를 동시에 충족시켜 주는 목포의 명소다.

1. 개띠랑이 구매한 빵
2. 매대에 진열된 빵

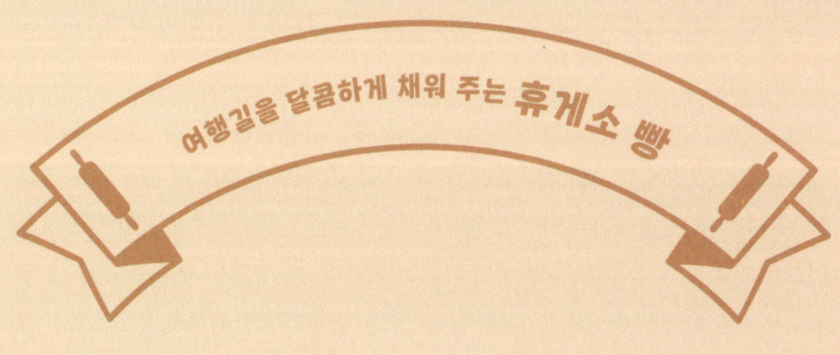

출장이든 여행이든, 어떤 지역을 향해 고속도로를 달리다 보면 자연스레 한 번쯤은 휴게소에 들르게 된다. 처음에는 단순히 '화장실만 다녀와야지' 생각하지만, 어디선가 풍기는 고소한 냄새에 이끌려 어느새 빵 매대 앞에서 기웃거리는 나를 발견하게 된다. 그만큼 휴게소는 작은 설렘과 함께 소소한 간식거리를 만날 수 있는 특별한 공간이다.

휴게소 하면 가장 먼저 떠오르는 건 단연 호두과자와 만주다. 타이밍만 잘 맞으면 갓 구운 따끈따끈한 상태로 만날 수 있는데, 한 봉지 사 들고 가면 매혹적인 향에 이끌려 동행들까지 하나둘 손을 내밀게 된다. 이게 바로 마성의 매력을 지닌 휴게소 대표 빵이지.

요즘은 이 기본적인 간식들뿐 아니라 휴게소마다 다양한 빵들이 늘어나고 있다. 어떤 곳은 오직 그 휴게소에서만 맛볼 수 있는 개성 있는 빵을 내놓기도 하고, 주변 지역의 특산물을 활용해 만든 독창적인 빵을 선보이기도 한다. 덕분에 휴게소를 단순히 잠시 쉬어 가는 곳으로만 보기보다, 잠깐의 '빵 여행지'로 여기는 즐거움이 더해졌다.

여행길에 만나는 휴게소는 결국 단순한 쉼터가 아니다. 다음 목적지를 향해 달리기 전, 잠시 멈춰 서서 빵 한 조각을 음미하는 순간, 그 하루의 여정은 더욱 달콤하고 풍성해질 테니까.

건천휴게소

경상북도 경주시 건천읍 경부고속도로 77

◦구매한 빵과 가격◦
경주 체리딸기 구름빵(3,800원) /
경주 체리딸기 생크림슈(3,800원)

경주 국내산 체리를 활용한 빵이 있다고 해서 바로 구매해 보았다. 받을 때는 냉동 상태였지만, 10분 정도 녹이면 아이스크림처럼 맛있다고 해 기대가 컸다.
체리딸기 구름빵은 폭신한 빵 속에 달콤한 체리의 풍미가 은근히 살아 있어, 씹을수록 곶감 같은 달콤함이 느껴졌다. 시원하고 가볍게 넘어가는 신기한 매력의 맛이랄까. 체리딸기 생크림슈는 부드러운 크림이 주인공이었다. 체리 향은 옅게 느껴지면서, 크림 자체의 풍부한 맛이 정말 만족스러웠다. 건천휴게소를 찾는다면 별미로 먹기에 딱 좋은 간식 빵으로 추천한다.

낙동강구미휴게소

경상북도 구미시 도개면 용산 3길

◦구매한 빵과 가격◦
멜론빵(소)(6,000원)

경북 구미에서 재배한 멜론을 활용한 빵으로, 휴게소는 물론 인터넷에서도 판매하고 있다. 겉은 바삭하고 속은 흰 앙금의 만주 질감인데, 한 입 베어 물면 은은한 칸탈로프 멜론 향이 퍼진다. 인공적인 멜론 맛이 아니라 자연스럽게 달면서 상큼한 맛이라서, 어떻게 이런 느낌을 구현할 수 있는지 문득 궁금하다. 얼려서 먹어 보니, 새로운 식감과 풍미가 더해져 또 다른 매력을 발견할 수 있었다. 언젠고 한번 이 특별한 맛에 도전해 보기를.

7

제주

베이커리우빵

제주의 특색이 담긴 멋스러운 빵집이네~

주소	제주 제주시 동고산로 34 1층
전화번호	0507-1387-8195
영업 시간	화~일 08:00~19:00
구매한 빵과 가격	땅끝 고구마 크림치즈(5,300원) / 바질 투 치즈(5,200원) / 지슬 치아바타(3,800원)
매장 취식 여부	가능

빵집 탐방을 위해 제주에 도착하자마자 찾은 베이커리우빵. 멀리서부터 퍼지는 포근한 빵 냄새에 지도를 보지 않아도 목적지를 찾을 수 있었다. 외관과 실내 곳곳에 베이커리우빵의 트레이드마크인 캐릭터가 보여 개성을 더하고, 제주 방언으로 지은 빵 이름들이 눈에 들어온다.

지슬 치아바타의 '지슬'은 제주 말로 감자를 뜻하는데, 포슬포슬한 감자와 고소한 치즈가 무척 어울리며 입맛을 당겼다. 땅끝 고구마 크림치즈는 고품질의 고구마가 다량 들어 있어 건강하게 달면서 든든했고, 햄과 크림치즈 덕분에 고구마피자 같은 느낌이 들기도. 바질 투 치즈는 쫄깃한 빵에 롤 치즈와 향긋한 바질이 조화롭게 어울리며 멋진 궁합을 자랑한다. 제주 빵집, 시작이 좋다.

1. 개띠랑이 구매한 빵
2. 베이커리우빵 외관

오늘 나의 빵 행복 온도는 몇 도인가요?

여러분제과점

빵만으로 행복이 가득 충전되는 빵집이네~

빵이 빠르게 소진되는 편이기
때문에, 원하는 빵이 있을 시
예약해 두고 가면 좋아요.
전국 택배 발송도 하고 있어요.

주소	제주 제주시 한림읍 한림로 702 1층
전화번호	070-7543-6142
영업 시간	월, 목, 금, 토, 일 08:30~17:00
구매한 빵과 가격	딸기잼 파이(3,000원) / 파인애플 스콘(3,900원) / 청양고추 소시지 페이스트리(4,700원)
매장 취식 여부	불가능

빵을 한 아름 들고 가게를 나오는 사람들을 보자, 내 발걸음도 저절로 신나게 움직였다. 매운맛 취향인 내 눈길은 자연스럽게 청양고추 소시지 페이스트리를 향하는데! 사장님이 계산할 때 갓 나온 빵이라며 "지금 드시면 치즈가 쭈욱 늘어나요"라고 귀띔해 주셔서, 기대감도 수직 상승했다.

바로 맛보니 역시나 치즈의 품격이 제대로 살아 있었고 재료들의 조화가 훌륭하면서 입안에 매콤함이 기분 좋게 맴돌았다. 딸기잼 파이는 파사삭 부스러지는 빵 사이로 달콤한 딸기잼이 황홀하게 퍼지며, 고급스러운 후렌치파이를 먹는 기분이었다. 파인애플 스콘은 퍽퍽함 없이 졸인 파인애플이 대만 펑리수를 연상시키며 중독성이 짙다. 나오는 길, 입구에 쓰인 '지금부터 좋은 일이 곧 시작될 거예요'라는 문구에 마음이 몽글몽글해지며, 구사한 행복을 서물받은 듯 뿌듯해졌다.

1. 개띠랑이 구매한 빵
2. 청양고추 소시지
   페이스트리

평소 자주 방문하는 빵집 사장님에게
감사의 인사를 한마디를 남긴다면, 어떤 말을 하고 싶나요?

rnr

바다와 빵을 가장 가까이서 즐길 수 있는 빵집이네~

주차는 주변 공터를 이용할 수
있어요. 커피 및 음료도
판매하고 있어요.

주소	제주 제주시 한림읍 협재1길 29
전화번호	0507-1387-0280
영업 시간	목~일 10:00~17:00
구매한 빵과 가격	러스크(3,000원) / 메이플 슈가 바게트(4,800원) / 아몬드 바게트(4,800원) / 무화과 데니시(3,500원)
매장 취식 여부	가능

제주 바다가 보이는 곳에 자리한 rnr은 주방이 오픈돼 있어, 반죽을 빚고 굽는 과정을 눈앞에서 지켜 볼 수 있다. 제빵에 열중하는 직원분들의 모습과 따끈따끈한 빵이 하나 둘 깔리는 생생함을 마주하는 특별함이 있는 빵집.

메이플 슈가 바게트는 겉은 바삭하고 속은 촉촉한 식감으로, 메이플 시럽의 달짝지근한 맛과 바게트의 고소함이 돋보였다. 러스크는 일반적인 러스크와는 달리, 속이 촉촉하면서도 달콤 짭조름한 캐러멜의 맛이 느껴져 반전 매력이 있었다. 이 러스크 진짜 맛있네! 무엇보다 트렌디한 분위기, 바다 가까이서 빵을 즐길 수 있어 마음이 평화로워진다. 제주의 낭만이 여기 있다.

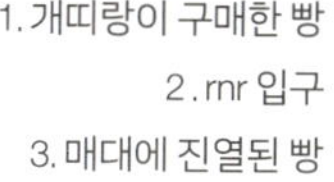

1. 개띠랑이 구매한 빵
2. rnr 입구
3. 매대에 진열된 빵

빵집에서 어떤 빵을 사야 할지 고민될 때,
보통 어떤 기준으로 선택하나요?

베이크샵스니프

다양한 시나몬 롤의 세계가 펼쳐지는 천국 같은 공간이네~

준비한 빵 소진 시
일찍 마감할 수 있다고 해요.
커피 및 음료도 판매하고 있어요.

주소	제주 서귀포시 대정읍 에듀시티로 23
	해동그린앤골드 아파트 상가동 101호
전화번호	064-794-0727
영업 시간	수~일 11:00~16:30
구매한 빵과 가격	버터버터(4,800원) / 크림치즈 피스타치오(5,600원) /
	말돈 소금(4,500원)
매장 취식 여부	불가능

시나몬 향은 나에게 유독 식욕을 불러일으키는데, 그 점에서 베이크샵스니프는 엄청난 허기를 부른다. 매대를 보며 '시나몬 롤에 이렇게 다양한 종류가 있었나?' 하며 놀라기도 했고. 근처에 외국인 학교가 있어서인지 외국 손님들도 자주 찾는 모습이 인상 깊다.

말돈 소금은 부드러운 시나몬 롤에 가볍게 스치는 짠맛이 매력적이었고, 소금빵과는 또 다른 독특한 풍미에 매료될 수밖에 없었다. 크림치즈 피스타치오는 짭조름한 크림치즈와 오도독 씹히는 고소한 피스타치오가 강한 존재감을 드러냈고, 진한 시나몬 향이 빵 전체를 감싸며 균형을 잡아 주었다. 시나몬 향과 맛을 좋아한다면 누구라도 빠져들게 될 거다. 여러분을 시나몬의 세계로 초대합니다!

1. 개띠랑이 구매한 빵
2. 매대에 진열된 빵

호도제과

제주 식재료의 맛을 고스란히 품은 곳이네~

주소	제주 서귀포시 안덕면 화순로 132
전화번호	0507-1477-0047
영업 시간	수~일 08:00-19:00
구매한 빵과 가격	바질 토마토 식빵(6,300원) / 제주 보리 식빵(6,300원) / 쑥 밤팥빵(4,300원)
매장 취식 여부	불가능

이곳은 쑥, 토마토, 보리 등 제주산 식재료를 그대로 품은 빵들이 정성스레 줄지어 있다. 그중 고운 초록빛의 쑥 밤팥빵은 보자마자 눈이 커질 만큼 마음을 사로잡아 바로 골랐고, 그 밖에도 제주의 맛을 품은 빵들이 보여 같이 구매했다.

쑥 밤팥빵은 팥과 통밤이 알알이 살아 있었는데, 씹을 때마다 구수한 쑥 향이 넘쳐흘렀다. 더욱이 팥 소가 아주 두둑하게 들어 있어 흡족했고, 인위적이지 않으면서 담백한 맛이 났다. 바질 토마토 식빵은 은근히 달고 새콤한 토마토가 쫄깃한 치즈, 상큼한 바질과 어울려 완벽한 삼합을 완성했다. 제주 보리 식빵은 촉촉한 빵 위로 호두의 고소함, 진한 보리 향이 건강한 맛을 내며 깊은 여운을 남기기까지. 빵의 색감, 향, 맛까지 오롯이 제주를 담아, 눈과 코, 입이 모두 즐거운 미식 경험이었다.

1. 쇼케이스에 진열된 우유 크림 도넛

2. 개띠랑이 구매한 빵

3. 매대에 진열된 빵

수와래베이커리

아기자기한 실내에 옹기종기 모인 빵들에 웃음이 나네~

주소	제주 서귀포시 남원읍 태위로 17
전화번호	064-805-0006
영업 시간	수~일 10:00~17:00
구매한 빵과 가격	하하봉(1,300원) / 소금빵 감자 샌드위치(3,800원) / 토마토마토 모짜(5,300원)
매장 취식 여부	매장 밖 마당 테이블 이용 가능

가정집 느낌의 친근한 외관과 아기자기한 인테리어의 수와래베이커리. 알차게 모인 빵들이 내실 있어 보이고, 그 속에서 빵마다 가진 매력이 오롯이 드러난다. 오전 11시쯤 방문하니 모든 빵이 나와 손님맞이를 마친 상태였다.

하하봉은 호두 향이 솔솔 풍기는 고소한 빵으로, 땅콩과 호두 등 다양한 견과류가 듬뿍 들어 있어 마치 봉지 견과류를 빵으로 만나는 듯했다. 소금빵 감자 샌드위치는 주문 즉시 만들어 주는 방식으로, 당근, 달걀, 햄, 감자가 든 샐러드가 짭짤한 빵과 균형을 이루며 간이 딱 맞고 속 재료의 신선함이 그대로 살아 있다. 토마토마토 모짜는 향긋한 바질과 상큼한 토마토즙이 어우러지며 개운한 맛을 뽐냈고, 먹을수록 상큼하면서 달콤한 맛이 부각되며 배시시 웃음이 난다. 여기 제주 빵집 명소 추가요!

1. 매대에 진열된 소금빵
2. 개띠랑이 구매한 빵

봉주르마담

프랑스 감성으로 눈과 입을 매료하는 빵집이네~

주소	제주 서귀포시 대청로 33 오름빌딩1차 103호
전화번호	0507-1440-2900
영업 시간	매일 09:00~21:00
구매한 빵과 가격	무화과 오렌지 파운드(소)(5,500원) / 뺑 스위스(3,800원) / 밀푀유 앙버터(5,500원)
매장 취식 여부	불가능

이곳은 가게 이름처럼 프랑스 베이커리 느낌이 물씬 난다. 문을 열자마자 수많은 디저트와 페이스트리 빵들이 즐비해 눈부터 즐거워지는군.

밀푀유 앙버터는 달고나 향이 나면서 바삭바삭 부서지는 빵의 쾌감이 좋았고, 팥과 버터의 달콤 고소함이 잘 어울려 앙버터의 진가를 보여 준다. 뺑 스위스는 진한 초콜릿과 달콤한 슈크림이 겉바속촉 빵 사이에 살포시 들어가, 한 입만으로도 만족감이 입속 가득 차오르는데! 무화과 오렌지 파운드는 오렌지 향과 무화과의 달콤함을 기본으로 폭신하고 쫀득한 빵의 식감까지 완벽해, 한가로운 주말 점심에 딱 생각나는 디저트 한 조각이다.

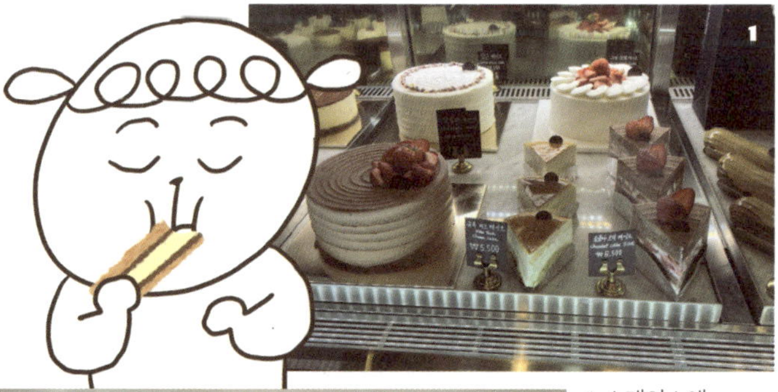

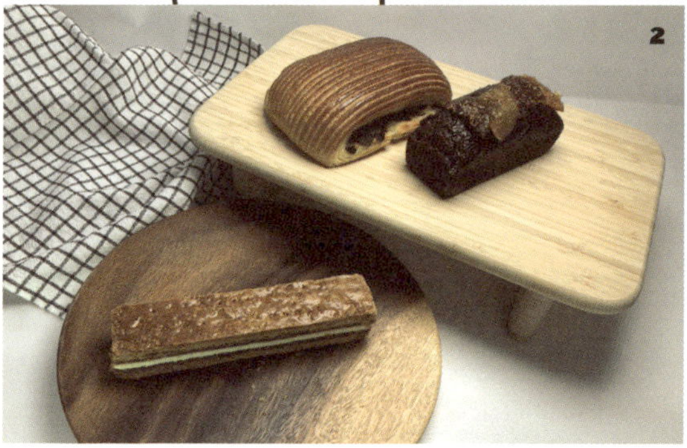

1. 쇼케이스에
진열된 케이크

2. 개띠랑이
구매한 빵

보룡제과

제주의 맛과 인심으로 사랑받는 인기 로컬 빵집이네~

서비스 빵은 어떠한 대가 없이 받은 것으로,
매장 상황에 따라 제공되지 않을 수 있습니다.

주소	제주 서귀포시 성산읍 고성오조로 48-1
전화번호	064-782-5472
영업 시간	매일 08:00~22:00
구매한 빵과 가격	마늘 바게트(4,000원) / 쑥 깨찰빵(2,900원) / 한라봉 잠봉뵈르(5,300원)
매장 취식 여부	불가능

빵집 근처에서부터 보라색 간판이 눈에 띄었고, 유리창 너머로 보이는 가게 안은 손님들로 북적인다. 종류가 다양한 것은 물론 큼직한 시식 빵 덕분에 다양하게 맛보며 고르는 재미가 있다. 더욱이 계산할 때 구운 찹쌀떡까지 서비스로 받게 되어 푸근한 정까지 느낀 보룡제과.

마침 막 나온 마늘 바게트가 있어 골랐는데, 빵을 마디마디 적신 달콤한 크림 속에 마늘 향과 알싸함이 어우러져 매우 중독적이었다. 쑥 깨찰빵은 쫄깃한 찰빵에 쾌삭쾌삭한 분태, 쑥 향이 더해져 복합적인 미감이 빛난다. 한라봉 잠봉뵈르는 햄과 치즈 사이로 제주 감귤 향이 은은하게 감돌며 상큼한 샌드위치 같은 미감을 뽐내는데, 특히 깔끔하게 마무리되는 끝맛이 예술! 재야의 고수가 제주에 와서 빵집을 차린다면 딱 이런 느낌일 거야.

1. 개띠랑이 구매한 빵
2. 매대에 진열된 빵

빵집에 들어가서 빵의 어떤 특징을 보고
맛있겠다고 생각하나요?

제일성심당

정성과 세월로 빚은 품격 있는 빵들을 만나게 되는 곳이네~

서비스 빵은 어떠한 대가 없이 받은 것으로,
매장 상황에 따라 제공되지 않을 수 있습니다.

주소	제주 서귀포시 성산읍 고성오조로 47 1층
전화번호	064-782-3125
영업 시간	매일 07:00~22:00
구매한 빵과 가격	카스텔라 클로렐라 도넛(1,500원) / 에그 마늘 바게트(4,500원) / 제주 마농 피자 바게트(4,500원) / 이불빵(4,500원)
매장 취식 여부	불가능

이곳은 맛스럽고 큼직큼직한 시식 빵이 눈길을 끈다. 한 조각씩 맛보며 천천히 빵을 고르는 손님들 사이, 어디 나도 한번 발걸음을 멈춰 하나하나 맛보며 감미롭게 빵 구경을 시작해 볼까나. 그러다 마치 이불을 개어 놓은 듯 모양이 독특한 빵을 발견했는데, 이름하여 이불빵! 뭔가 희소한 느낌, 예쁜 모양에 바로 집어 든다.

이불빵은 완두 앙금과 팥 앙금, 크림이 고소하게 어우러진 추억의 맘모스빵 맛으로, 밀도감 있게 겹겹이 속을 채운 재료가 듬직한 포스를 과시한다. 카스텔라 클로렐라 도넛은 달콤하고 고운 카스텔라 가루와 함께 쫀득한 식감을 극대화한 도넛이었고, 서비스로 받은 클로렐라 깨찰빵은 그보다 조금 더 바삭한 버전의 찰빵 같다. 그리고 채소와 고기를 매콤 달콤하게 양념해 잔뜩 얹은 제주 마농 피자 바게트, 크림치즈와 달걀 샐러드가 마디마다 번갈아 등장하며 이색적인 조화를 완성한 에그 마늘 바게트까지, 세월과 정성이 깃든 맛이 피부로 와 닿았던 빵집이다.

1. 매대에 진열된 빵
2. 개띠랑이 구매한 빵

김녕빵집

낭만을 품고 빵과 함께 피크닉을 떠나고 싶은 빵집이네~

주소	제주 제주시 구좌읍 김녕로 77-3
전화번호	010-3952-6397
영업 시간	월, 화, 수, 토, 일 09:00~17:00
구매한 빵과 가격	소금 버터빵(2,100원) / 슈가 스틱(2,700원) / 콘 도그(3,300원) / 그린 올리브 파이(2,600원)
매장 취식 여부	가능

빵과 음료를 함께 주문한 뒤 기다리니, 피크닉 바구니에 빵과 음료가 담겨 나오며 시선을 사로잡았다. 감성 가득한 바구니에 든 제주 구좌의 명물인 당근 주스를 한 모금 마시자, 달큰한 감칠맛에 침샘 폭발. 음료부터 이렇게 맛있다면 빵은 얼마나 고퀄리티라는 거지?
겉은 바삭하면서 속은 버터 풍미가 진하게 감돌았던 소금 버터빵, 뽀드득거리는 소시지 속 옥수수가 고소함을 더해 남녀노소 누구나 좋아할 듯한 콘 도그, 짭조름한 올리브와 달콤한 토마토가 바삭한 파이 위에 사이좋게 올라가며 맥주 한 잔이 생각났던 그린 올리브 파이. 김녕빵집의 빵들은 나를 온전히 새로운 여행지로 데려다주었다. 빵마다 가진 각양각색 매력이 제주 바람처럼 기분 좋게 스며든다.

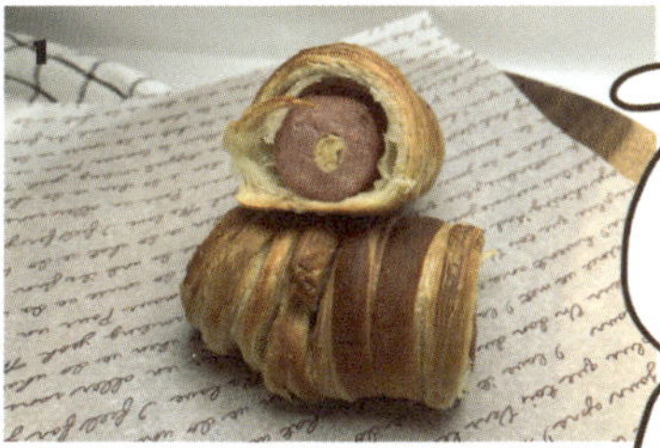

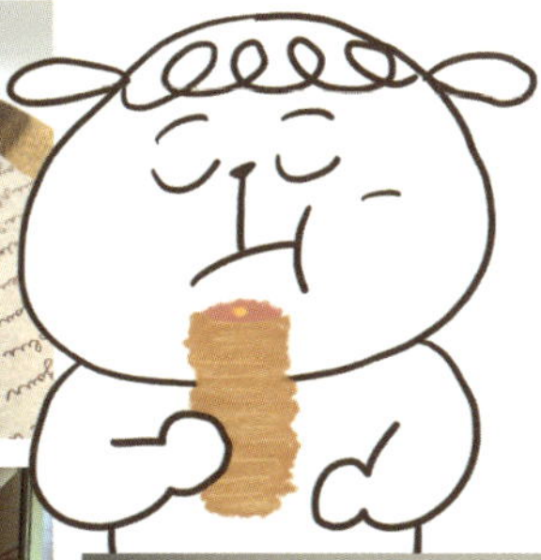

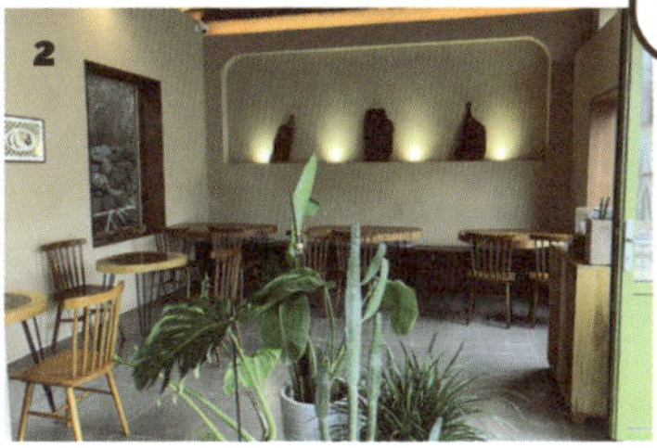

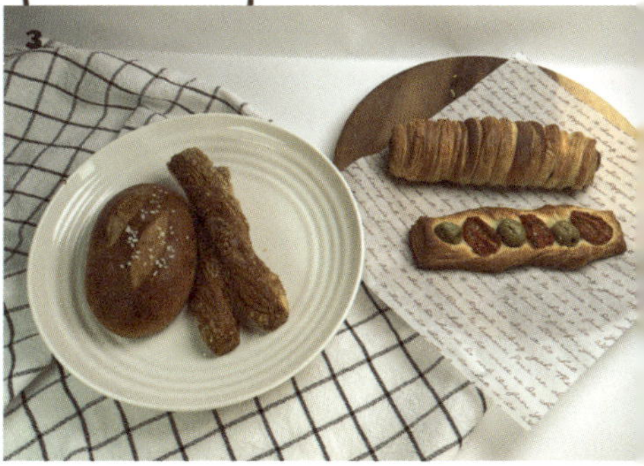

1. 콘 도그
2. 김녕빵집 실내
3. 개띠랑이 구매한 빵

근래에 가장 맛있게 먹었던 빵은
100점 만점 중에 몇 점인가요?

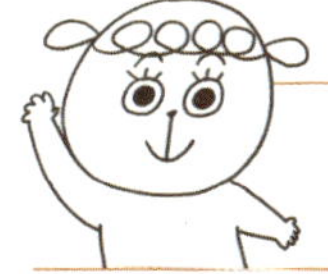

백한철꽈배기&식빵

갓 나온 따끈하고 쫄깃한 꽈배기가 내 마음을 훔치네~

주소	제주 서귀포시 남원읍 남한로21번길 56
전화번호	064-764-5006
영업 시간	월, 수, 목, 금, 토, 일 07:30~15:00
구매한 빵과 가격	A 세트(찹쌀 꽈배기 4개, 씨앗 팥 도넛 2개, 핫도그 1개, 대파 꽈배기 3개) 12,000원
매장 취식 여부	가게 앞 마당에서 가능

주문 즉시 꽈배기를 튀겨 주어, 컨디션 최상의 따뜻한 꽈배기를 맛볼 수 있는 곳이다. 줄 서서 사 가는 손님들, 마당에서 콩고물을 주워 먹는 귀여운 참새들까지 빵집의 풍경이 정겹다.

구매한 A세트 중 대파 꽈배기는 꽈배기에서 대파 향이 나는 것 자체가 신선했는데, 의외로 대파가 꽈배기와 무척 잘 어울려 눈이 동그래졌다. 역시 빵은 어떤 재료를 만나느냐에 따라 가능성이 무궁무진해진다. 이렇게 예상치 못한 재료의 조화에서 새로운 맛을 발견하는 즐거움이야말로 내가 빵을 사랑하는 큰 이유 중 하나지. 찹쌀 꽈배기는 기름 냄새 없이 뜨끈하면서 탱글탱글한 맛이 그대로 전해지며 감동이 물밀듯이 밀려오는데! 모든 빵이 한결같이 만족스러웠던 꽈배기 전문점이다.

1. 대파 꽈배기
2. 백한철꽈배기&식빵 입간판

아베베베이커리

빵마다 확실한 매력 발산으로 눈코 뜰 새 없이 즐겁네~

커피 및 음료도 판매하고 있어요. 제가 방문한 곳은 제주 본점이며, 제주 구좌, 서울, 일본 도쿄에 지점이 있어요. 8개 이상 구매 시 무료로 선물 상자에 포장해 줘요.

주소	제주 제주시 동문로6길 4 1-3층(일도일동)
전화번호	0507-1414-0750
영업 시간	매일 10:00~21:00 / 라스트오더 20:30
구매한 빵과 가격	우도 땅콩크림 도넛(3,300원) / 남원 청귤 요거트크림 도넛(3,100원) / 한담 피스타치오 품은 크림 도넛(3,700원) / 서빈백사 ABEBE 화이트초코크림 도넛(4,500원) / 금능 사과 크림빵(3,600원) / 위미 한라봉 크림빵(3,500원) / 아베베 더티 초코 크림 도넛(3,300원)
매장 취식 여부	불가능

아베베베이커리는 제주의 식재료와 명소에서 영감을 받아 만든 빵과 이름 붙이는 방식이 무척 인상 깊다. 빵 이름에 붙은 제주의 지명에서, 실제로 가 봤던 곳을 만나면 괜히 반가운 마음이 들고, 아직 가 보지 못한 지역은 언젠가 꼭 들러 보고 싶다는 생각이 든다.

우도 땅콩크림 도넛은 고소한 땅콩버터의 풍미가 진하게 살아 있었고, 알갱이가 잘게 씹혀 한 입 베어 물 때마다 먹는 재미가 쏠쏠했다. 한담 피스타치오 품은 크림도넛은 진득한 피스타치오 향이 입안 가득 퍼지며, 고소한 피스타치오 조각이 오독오독 씹혀 리프레시된다. 금능 사과 크림빵은 아삭한 사과 조각과 부드러운 크림이 만나 상큼함을 과시하면서, 쫀득한 찹쌀떡 같은 빵과 소보로 토핑으로 풍성함을 더했다. 남원 청귤 요거트 크림도넛은 새콤한 요거드 맛이 돋보이며, 먹자마자 입안이 상쾌해졌다. 속을 가득 채운 크림과 저마다 다른 확실한 매력으로, 먹을 때마다 새로운 빵에 취하는 기분. 아베베베이커리에서 제주 빵집 탐방을 마무리할 수 있어 행복하다.

1. 매대에 진열된 빵
2. 개띠랑이 구매한 빵

내일 바로 빵집 여행을 떠난다면
어디부터 가 보고 싶나요?

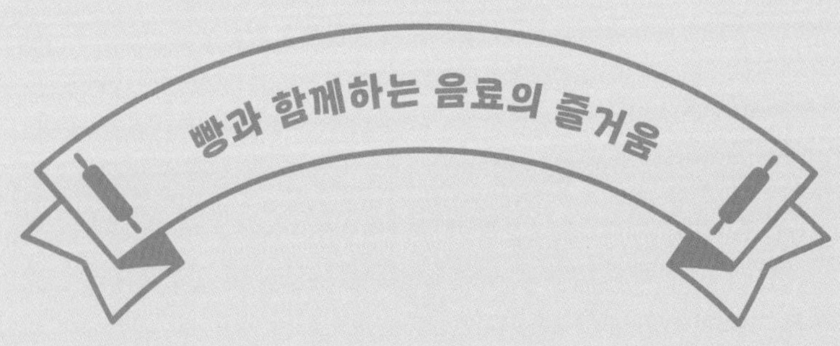

빵을 즐길 때, 단순히 빵만 먹는 경우는 거의 없다. 많은 사람이 빵과 함께 무엇인가를 마신다. 카페에서는 디저트, 빵과 함께 음료를 주문하고, 빵집에서도 안에서 먹고 갈 때 물을 함께 주는 경우가 많다. 물 한 잔은 입안을 깔끔하게 정리해 주어 빵 본연의 맛을 훼손하지 않으면서도 한층 개운하게 빵을 맛볼 수 있도록 도와준다. 그렇다면 다양한 음료와 함께 빵을 미식으로서 즐겨 보는 건 어떨까?

만약 따뜻한 아메리카노를 내렸다면, 달콤하거나 부드러운 빵을 같이 먹어 보자. 쌉쌀한 커피의 맛과 균형을 이루며 깊은 풍미를 느낄 수 있다. 슈크림빵이나 잼이 발린 빵 등 달콤한 빵과 함께일 때도, 아메리카노 한 모금이 단맛을 적절히 잡아 주어 먹는 시간이 더욱 즐거워질 것이다. 이 조합은 많은 사람이 선호하는 페어링으로, 나 역시 아메

리카노 한 잔과 함께 빵을 음미하면서 소소하지만 확실한 행복을 느끼곤 하니까.

우유도 빵과 잘 어울린다. 식빵이나 단팥빵을 먹을 때는 우유의 고소함이 빵의 풍미를 부드럽게 감싸 한층 높은 단계의 달콤함을 음미할 수 있다. 아침에 우유 한 잔과 크루아상을 맛본다면, 그 맛을 충분히 느낄 수 있을 것이다.

담백한 빵에는 오렌지주스를 곁들이는 것도 좋다. 소금빵처럼 짭조름하면서 담백한 빵을 오렌지주스와 함께 즐기면, 상큼한 산미가 입안을 말끔하게 정리해 주어 빵을 한결 산뜻하게 맛볼 수 있다. 아침이나 간단한 간식으로도 추천할 만하다.

이처럼 빵과 음료의 조합은 선택의 폭이 넓고, 빵 종류나 기호에 따라 다양하게 즐길 수 있다. 빵을 사랑하는 사람이라면 어떤 빵과 어떤 음료가 가장 잘 어울리는지 탐색하는 재미도 배울 수 있고. 이런 조합을 발견할 때마다, 작은 만족감과 즐거움이 쌓여 빵 여행이 더 풍부해진다.

빵과 음료는 서로를 보완하며 각각의 맛을 한층 살려 주는 단짝이다. 단순히 배를 채우는 용도가 아닌, 맛을 즐기고 소소한 행복을 느끼게 해 주는 다정한 한 쌍이다. 빵과 음료라는 작은 조합에서 발견하는 즐거움은 여행이나 일상 속 빵의 시간을 한층 특별하게 업그레이드해 줄 것이다.

에필로그

이번 여행에서 깨달은 점이 있다면, 빵 한 조각에는 마음뿐만 아니라 '사람'이 함께 담겨 있다는 사실이다. 정성껏 반죽하고, 발효 시간을 지켜 내며 새벽부터 오븐 앞을 지킨 제빵사분들의 손길과 빵을 통해 만난 사람들의 따뜻한 마음까지 함께 담아 보려 했다.

빵 한 조각을 낯보며 느꼈던 감동만큼이나, 빵집을 소개하고 싶어 연락드리는 과정에서 "참 즐거운 일을 하고 계시네요" "끝까지 응원할게요"라고 건네 주신 사장님들의 말은 큰 힘이 되었다. 그 응원 덕분에 이 여정을 꾸준히 이어 올 수 있었고, 그렇게 책 한 권을 완성할 수 있었다. 맛있는 빵으로 여행을 채워 주신 모든 사장님께 다시 한번 깊이 감사드린다.

이 길을 함께 걸어 준 다솜, 두루 작가에게도 마음을 전한다. 같이 전국 곳곳을 다니며 흔히 알려진 관광지가 아닌, 지역 사람들이 살아가는 동네와 일상을 더 깊이 들여다볼 수 있었다. 덕분에 숨겨진 이야기를 품은 빵들을 가까이에서 만나 볼 수 있었고, 길 위에서 느낀 감정과 풍경을 함께 나누며 여행의 결이 더욱 풍성해졌다.

이제 긴 여행을 잠시 마무리하며 책장을 덮는다. 하지만 아마 이 여정은 여기서 끝나지 않을 것이다. 새로운 빵 냄새가 스치면 또다시 어딘가로 떠날 나를 이미 알고 있기에. 이 책을 읽은 여러분도 언젠가 마음에 남는 빵집을 향해 가볍게 걸음을 옮겨 보면 좋겠다. 짧은 시간이라도, 그곳에서 마주하게 될 따뜻함이 하루에 작은 위로가 되기를. 이 여행의 길을 함께해 준 모든 분께 감사의 마음을 남긴다. 다음 여행에서 또 어떤 빵을 만나게 될까? 그 설렘을 품고 빵을 찾아 만나러 가 보자!

빵 특파원 개띠랑과 떠나는 빵빵곡곡 빵지순례

대한민국 빵집 대장정

1판 1쇄 인쇄 2025년 12월 15일
1판 1쇄 발행 2026년 1월 2일

지은이 개띠랑
펴낸이 고병욱

기획편집2실장 김순란　**책임편집** 조상희　**기획편집** 권민성
마케팅 안선욱 황혜리 황예린 권묘정 이보슬　**디자인** 공희 백은주
제작 김기창　**관리** 주동은　**총무** 노재경 송민진

펴낸곳 청림출판(주)
등록 제2023-000081호

본사 04799 서울시 성동구 아차산로17길 49 1010호 청림출판(주)
제2사옥 10881 경기도 파주시 회동길 173 청림아트스페이스
전화 02-546-4341　**팩스** 02-546-8053

홈페이지 www.chungrim.com　**이메일** life@chungrim.com
인스타그램 @ch_daily_mom　**블로그** blog.naver.com/chungrimlife
페이스북 www.facebook.com/chungrimlife

ⓒ 개띠랑, 2026

ISBN 979-11-93842-58-4 13980